喂，怎麼煮得這麼好吃！

魏魏 WeiWei ———— 著

序 preface

只要有人喜歡吃，
那就是一道好料理！

　　在我的廚藝生涯裡，第一份工作是從中餐學徒開始打基礎，那是一間客滿可以席開百桌的宴會廳，廚房工作並不輕鬆，作為一個學徒絕對是吃足苦頭，例如今天有一百桌的喜宴，那負責最基層備料工作的我，就得殺一百隻魚，兩百隻螃蟹，手上大大小小的傷口不說，光是每天上班那夾雜自己汗味和腥味就夠狼狽了，奮鬥了幾年好不容易升上師傅的職位，可以在工作崗位上獨當一面，但不知怎麼的，或許是定性不夠，又或是年少的中二病發作，我選擇一切歸零，重新應徵了一份日本料理的工作，再次從學徒做起，就這樣又努力了幾年之後，升上日本料理師傅的職位，至此之後，我開始喜歡接觸各種不同文化背景的料理，也開始接觸西餐，後來進到飯店工作，意外得到西餐廚房主管的職位，為了能夠順利勝任這份工作，我開始瘋狂的自學，閱讀了大量的書籍，吸收網路上的各種資訊，也在這個時候起心動念，想把這些一路走來學習到的種種技巧，內化成我自己的風格之後，用更簡單輕鬆的方式分享給大家。

　　工作歷練造就我的料理 DNA 內含了中、西、日三種菜系，在傳統師傅的眼裡，我應該是屬於不被看好的那種。大家都知道技術這行，講究的是

　專精,普遍都認為要是「樣樣通」的話,那肯定就是「樣樣鬆」,但我沒有因此放棄,我還是喜歡遊走在其中找尋靈感,反覆複習不同菜系之間的基礎,在這之間「求同存異」,例如以一道蛋料理來說,中式的菜脯蛋、西式的歐姆蛋、日式的玉子燒,三種都是該菜系中的經典之作,分別用了三種不同的鍋具和手法來演繹蛋的變化,最後呈現出截然不同的料理,但不可否認的是,它們都很好吃,有趣吧!

　或許在某一種菜系裡,我確實沒有辦法達到巔峰,但累積了多元料理經驗,讓我的創作更游刃有餘,有更多能量來設計一道菜色。作為業界出身,我可以明白餐廳級別和家常料理的不同之處,但在歷練多年之後,常常覺得一道美味的料理,它不一定是要用最高級的食材,也不用是在高規格的餐廳才能產出,只要我們融會貫通之後,它也可以是在家中端出來的一道菜色,這有一點「返璞歸真」的感覺,而我想分享給大家的,正是這種料理,有些擷取了一些名菜中的精華,有些賦予它們一點小巧思,就能夠讓料理千變萬化,當然為了能夠在家輕鬆端上桌,特別挑選了平常可以輕易買到的食材,用一些普遍的鍋具就可以完成,其中也收錄了很多我的自創料理,它絕對不是需要很高超的技術才能夠完成,甚至在很多時候,食譜內的食材也不是硬條件,只要邏輯正確,我也鼓勵你們大膽替換隨手可得的其他食材,更想要分享的是一種創作理念,料理沒有正確答案,只要你覺得好吃就行!希望在你獲得了這些靈感之後,也可以大膽創造屬於你的料理,讓我們一起端出屬於自己的星級料理吧!

私廚料理和網路教學雙棲主廚 Wei

目錄 contents

作者序：只要有人喜歡吃，那就是一道好料理！⋯⋯ 004
前言：料理成功關鍵指南⋯⋯ 010

CHAPTER 1

新手救星
輕鬆上桌燉鍋料理

巧克力紅酒燉牛肉⋯⋯ 018
清燉牛肋條⋯⋯ 020
味噌牛筋煮⋯⋯ 022
酸菜燉豬腳⋯⋯ 024
啤酒豬肉角煮⋯⋯ 026
義式獵人燉雞⋯⋯ 028
烤蒜頭雞湯⋯⋯ 030
雞肉筑前煮⋯⋯ 032
牡蠣土手鍋⋯⋯ 034
大醬馬鈴薯排骨湯⋯⋯ 036
紅豆紫米粥⋯⋯ 038
美齡粥⋯⋯ 040

CHAPTER 2

超級懶人系列
一鍋到底口感升級料理

- 刺客義大利麵……046
- 中華肉醬義大利麵……048
- 海苔醬烏龍麵……050
- 臘肉蛋黃麵……052
- 麻油松阪飯……054
- 燒烤醬雞翅……056
- 韓式辣醬奶油雞……058
- 法式芥末奶油雞……060
- 照燒雞肉漢堡排……062
- 蒜味蝦仁飯……064
- 乾煸五花肉……066
- 香辣乾鍋雞……068

CHAPTER 3

今天不開火
免爆汗神料理

- 柚香醃白蘿蔔……074
- 涼拌秋葵鮪魚……076
- 香料脆薯角……078
- 義大利漬菜……080
- 豆豉虱目魚肚……082
- 檸檬紙包魚……084
- 焦糖味噌豬梅花……086
- 親子鮭魚炊飯……088
- 楓糖烤南瓜……090
- 樹子蒸小排……092
- 瓜瓜滑雞……094
- 麻藥雞腳……096

CHAPTER 4

小兵立大功
大眾食材變身高級料理

洋蔥起司蛋燒……102
冰花煎水餃……104
韓式年糕甜不辣……106
剝皮辣椒皮蛋豆腐……108
紅茶米血糕……110
瓢瓜味噌燒……112
白酒奶油娃娃菜……114
麻婆豆腐燉蛋……116
泡麵大阪燒……118
威靈頓臭豆腐……120
香煎青花菜排佐白花菜泥……122
荷包蛋開放三明治……124

CHAPTER 5

與水果共舞
亂入有理繽紛料理

培根葡萄串燒……130
香蕉咖哩絞肉……132
白酒蘋果燉豬肉……134
草莓咕咾肉……136

火龍果蝦球……138
水梨鮮蝦鬆……140
焦糖鳳梨雞腿……142
荔枝鑲雞翅……144
糖漬柑橘生干貝……146
酪梨生鮭魚塔塔……148
華爾道夫沙拉……150
甜柿冷肉沙拉……152

CHAPTER 6

最佳神隊友
料理滋味三級跳的靈魂醬汁

檸檬油醋：檸檬油醋拌海鮮……158
南蠻漬醬：雞絲南蠻漬……160
韓式蘋果辣醬：佐香煎雞胸肉……162
咖哩優格醬：咖哩優格蘆筍蝦……164
花生芝麻醬：中華風涼麵……166
怪味醬：怪味口水雞……168
阿根廷青醬：佐經典牛排……170
芒果莎莎醬：芒果莎莎醬玉米片……172
日式塔塔醬：佐唐揚雞……174
柑橘橙醋：佐魚肉涮涮鍋……176
黃身醋：冷筍黃身醋沙拉……178
台式青醬：佐白灼五花肉……180

後記……184

料理成功關鍵指南

煎	煮

1 使用不沾鍋時，不需預熱鍋子，擦乾鍋子在鍋內放入少量油後，即可放入食材。若使用鐵鍋或不鏽鋼鍋，則需要先將鍋子擦乾並預熱後再加油，這樣可以減少食材與鍋底黏附的情況。
2 食材先用廚房紙巾徹底擦乾水分再下鍋煎，這樣除了能避免油爆，還可讓食材表面更加酥脆。
3 煎魚時，先將魚皮朝下，以中小火慢煎，也不要急著翻面。等邊緣呈現金黃色再翻面，這樣可避免破皮。
4 煎牛排時，需預留時間離火靜置，一般煎多少時間就需要靜置多少時間，讓溫度緩慢滲透到中心，這樣能使肉質熟度更均勻呈現漂亮的粉紅色。

1 煮麵條時，使用大量滾水，並加入適量鹽巴，這樣可以提升麵體的底味，如此料理時會更容易與醬汁風味融合。
2 燙青菜時，可以加入一點鹽與少許油，這樣不僅能保持顏色鮮綠，還能讓風味更好。
3 汆燙肉類去除血水雜質時，請在冷水時就將肉類下鍋，可以幫助帶走更多雜質與浮沫。

炒

1. 爆香時使用小火,慢慢將食材煸至金黃,這樣能讓料理的香氣層次更加豐富。
2. 使用大火炒蔬菜能迅速將蔬菜炒熟,保留其鮮脆的口感和顏色。例如炒青花菜、青椒等蔬菜時,保持大火可以縮短烹煮時間,讓食材更脆嫩且顏色鮮亮。
3. 用小火炒製較為細膩的食材,可以讓食材均勻受熱且不會過度焦化或燒焦。炒蛋、炒麵等需要小火來避免焦化並保持口感細膩。

炸

1. 炸物時需保持油溫穩定,最佳的油溫為攝氏160～180度,若油溫過低會讓食材吸油過多,過高則會容易外焦內生。
2. 使用二次炸的方法可以讓食材外層更加酥脆,內部保持嫩滑。第一次炸至八分熟後,油溫升高,再炸短時間即可達到最佳口感。
3. 炸好的食材,需放在架子上瀝油,而非紙巾上,這樣可以避免回油變軟。

燉	蒸

1. 燉湯時，應先將肉類汆燙去除雜質，這樣能讓湯頭更清澈純淨。
2. 燉煮肉類時，先將表面煎香，再加入湯汁燉煮，這樣能增添風味層次。
3. 燉煮時，應使用小火慢燉，這樣可以讓食材充分吸收湯汁，味道更加濃郁。

1. 蒸魚時，先在盤底放入薑片或蔥段，如此可避免魚皮黏住，也能增添香氣。
2. 蒸蛋時，需使用濾網過濾蛋液，並適度的將鍋蓋留一點縫隙，這樣能讓成品口感更細緻滑嫩。
3. 蒸食材時，如果想保持更鮮嫩的口感，可盡量使用中小火，並在食材表面覆蓋保鮮膜或盤子，這樣能有效控制食材內的水分。

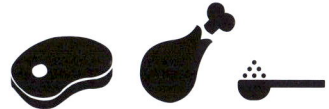

烤

滷

1. 烤箱預熱至適當溫度後再放入食材，可確保食材受熱均勻，避免烤焦或不熟。
2. 使用烤箱烤蔬菜時，可以適量塗抹橄欖油，並均勻攤開，這樣能讓每塊食材都能受熱均勻。
3. 若需要更香脆的效果，可以用上火式烤台，或是用一般烤箱，先在烤盤上放置烤架，再放上食材，如此即可達到理想的酥脆外表。

1. 滷製前將肉類先用熱水汆燙去血水和雜質，或是以油炸方式處理後再滷，這樣有助於讓滷汁更加清澈。
2. 滷汁中的香料可根據食材選擇，加入適量八角、香葉等香料，能增添風味。
3. 滷汁滷過一次後，可以過濾雜質，再次使用，這樣風味會更加濃郁。

| 拌 | 燜 |

1. 涼拌料理的蔬菜,大部分需先燙過再冰鎮,這樣可以保持爽脆口感。
2. 涼拌時,先加入鹽巴拌勻後靜置10分鐘,這樣可以讓蔬菜出水,避免過溼影響口感。
3. 涼拌醬汁需最後加入,並用輕拌方式,可避免食材因過度攪拌而變形。

1. 燜煮時使用鍋蓋鎖住水分,讓食材在自身水分中慢慢熟成,口感會更加細緻。
2. 燜肉類時,可以先用少量醬汁醃製,能讓風味更深入。
3. 燜煮海鮮類時,建議使用短時間低溫燜煮,這樣可避免肉質過老影響口感。

醃	泡

1 快速醃漬時,可使用真空袋幫助食材更快吸收醬汁,縮短醃製時間。 2 一般而言醃肉或魚類時,可以加入些許米酒或白酒,這樣不僅能去腥還能增加風味。 3 醃製過程中,要經常翻動食材,確保每個部位都能均勻吸收醃料。	1 泡發乾貨如香菇或干貝,需用冷水慢泡數小時或隔夜,以保留鮮味與彈性。 2 泡製花茶或中藥材時,水溫不宜過高,最好控制在攝氏80～90度之間,避免破壞食材中的精華成分。 3 泡豆類或穀物時,長時間浸泡有助於去除部分抗營養素,並使其更易煮熟。

CHAPTER 1

新手救星
輕鬆上桌
燉鍋料理

燉煮料理真的非常適合第一次下廚的朋友，這是一種簡單還能節省時間的烹飪手法。準備好食材後，只需把它們放入鍋中以小火慢燉，不用頻繁顧火，等待的過程中可以準備其他配菜或去泡杯咖啡愜意地等待美味上桌。

對一些較為特殊的食材來說，燉煮手法也是一個非常好的選擇，燉煮後食材能更好地吸收湯汁中的精華，為料理帶來層次更加分明的風味及更細緻的口感。

① 巧克力紅酒燉牛肉
② 清燉牛肋條
③ 味噌牛筋煮
④ 酸菜燉豬腳
⑤ 啤酒豬肉角煮
⑥ 義式獵人燉雞
⑦ 烤蒜頭雞湯
⑧ 雞肉筑前煮
⑨ 牡蠣土手鍋
⑩ 大醬馬鈴薯排骨湯
⑪ 紅豆紫米粥
⑫ 美齡粥

Recipe 01 — 巧克力紅酒燉牛肉

紅酒燉牛肉大家應該都知道吧，主要就是以這個方向為基底，但只要調皮的加一點巧克力，就可以立刻升級為意想不到的精緻大菜，光聽可能會很難想像是什麼味道，但其實巧克力的香氣和濃郁感，融入紅酒燉牛肉料理中真是絕配啊！

材料
- 牛肋條：500g
- 紅酒：400ml
- 高湯：1500ml
- 黑巧克力：80g
- 洋蔥：1 顆
- 蘑菇：10 顆
- 小番茄：10 顆
- 蒜仁：3 瓣
- 番茄糊：2 大匙
- 月桂葉：2 片
- 迷迭香：1 支
- 鹽：適量
- 黑胡椒：適量
- 橄欖油：2 大匙
- 麵粉：適量

作法
1. 牛肋條切成適口大小，倒入紅酒後醃漬 4 小時或隔夜尤佳。
2. 熱鍋加入橄欖油，過濾浸泡紅酒的牛肋條，煎至表面金黃後取出備用，過濾後的紅酒也留下備用。
3. 用同一鍋底的油，加入切丁的洋蔥、蘑菇、小番茄，炒至軟化並加入一點麵粉拌炒。
4. 加入蒜仁與番茄糊，炒出香氣。
5. 倒入原先浸泡牛肉的紅酒，稍微收乾約 1/3，刮起鍋底焦香。
6. 加入高湯、月桂葉、迷迭香，再將牛肋條放回鍋中。
7. 小火燉煮約 1.5 小時，至牛肉軟嫩，再加入鹽和黑胡椒調味。
8. 最後加入黑巧克力，攪拌至完全融化就完成嘍！

TIPS
1. 使用高品質的黑巧克力（70% 以上可可含量），能夠為菜肴帶來深邃的可可風味，而且不會太甜。
2. 紅酒可以選擇勃根地或帶有果香的紅酒，更適合來燉煮。

Recipe 02

清燉牛肋條

有別於常見的紅燒風味,清燉牛肋條有另一種淡雅清香,如果紅燒牛肉是 E 人(牛),那清燉牛肉就算是 I 人(牛)吧,雖然沒有給人那麼強烈的存在感,但它的風味可不隨便,強調將牛肋條的鮮嫩肉質與自然的湯頭融合,並以清淡的方式呈現出牛肉的原味。試過的人都會愛上的!

材料

牛肋條:300g
白蘿蔔:1 根
香菜梗:1 小把
蒜苗:1 支
米酒:1 大匙
薑片:3 片
月桂葉:3 片
白豆蔻:8 顆
糯米:2 大匙
鹽:適量
水:適量

作法

1. 白蘿蔔切條備用,將月桂葉和白豆蔻裝入滷包備用,糯米也另外裝入滷包備用。
2. 牛肋條切塊,冷水入鍋,加入 1 片薑片和米酒,燒開後汆燙 2 分鐘,撈出沖洗乾淨。
3. 取一湯鍋,加入牛肋條、2 片薑片、香菜梗、蒜苗和裝好的香料和糯米滷包,再倒入足量水,大火煮沸後轉小火燉煮 40 分鐘。
4. 加入白蘿蔔,繼續燉煮 30 分鐘至蘿蔔軟透。
5. 撇去表面浮油,調入適量鹽,再燉煮 5 分鐘就完成嘍。

TIPS

1. 放入糯米可提升湯的厚實度以及增加淡淡清甜。
2. 白蘿蔔以整條的方式燉煮,上菜前再分切成塊,才不會過度軟爛。

Recipe 03 味噌牛筋煮

材料

牛筋：500g
白蘿蔔：1/2 根
紅蘿蔔：1/2 根
蒜頭：3 瓣
赤味噌：2 大匙
砂糖：1 小匙
醬油：1 大匙
味醂：1 大匙
米酒：2 大匙
柴魚高湯：1500ml
青蔥：適量
七味粉：適量

作法

1. 牛筋冷水入鍋，加入米酒，煮沸後撇去浮沫，汆燙約 2 分鐘後撈出，用清水沖洗乾淨。
2. 白蘿蔔和紅蘿蔔切滾刀塊，蒜頭拍裂備用。
3. 取一深鍋，加入柴魚高湯、米酒、赤味噌、醬油、味醂、砂糖煮沸。
4. 加入牛筋和蒜頭，燉煮 40 分鐘。
5. 再加入白蘿蔔和紅蘿蔔繼續燉煮 30 分鐘至蘿蔔軟化。
6. 盛盤後撒上青蔥末，喜歡辛辣口感的可加少許七味粉增添風味。

TIPS

1. 如果赤味噌不好取得，可以用味噌再加一小匙醬油攪拌均勻來替代。
2. 牛筋整條汆燙完再分切，更容易下刀。

第一次吃到這道菜是在一間日式居酒屋,它帶給人一種深夜食堂的感覺,想像一下冷冷的冬天,來到這家小食堂,老闆端出這道料理給你,那感覺會有多幸福!換我來當一次老闆,分享這道我的祕製配方。噢對了,這道料理也超級下飯欸!

Recipe 04 酸菜燉豬腳

靈感來自德國的經典料理,但這次要使用台灣常見的食材,利用台式的酸菜和豬腳,口感層次豐富,無論是寒冷的冬季還是平常的聚餐場合,這道菜都能帶來滿滿的溫暖和滿足感。

材料
豬腳:500g
酸白菜:150g
家鄉肉:2片
蒜頭:3瓣
月桂葉:2片
米酒:3大匙
珠貝:10顆
鹽:適量
水:1500ml

作法
1 將豬腳燙煮去腥,撈起後用冷水沖洗乾淨,備用。
2 家鄉肉切成適當大小,放入熱鍋中用小火煎至出油並微焦香。
3 加入蒜頭拌炒,炒出香氣後加入酸白菜,略炒均勻。
4 將豬腳、酸白菜和月桂葉、珠貝放入鍋中,倒入米酒,再加足量的水蓋過食材。
5 大火煮沸後轉小火燉煮約 1.5 小時,直到豬腳軟爛入味。
6 最後起鍋前加入一點鹽調味就完成嘍。

TIPS
1 燙煮豬腳時,可以在水中加入薑片和少許米酒,這樣能更有效去除豬腳的腥味。
2 若家鄉肉不好購得,可以用臘肉替代也會有不錯的風味。

啤酒豬肉角煮

Recipe 05

我一直在猜這道菜的起源,是不是有人邊喝酒邊做菜,才研發出這道料理。其實用啤酒來燉煮豬肉,啤酒的發酵味能夠有效去腥並豐富豬肉的風味,啤酒中的二氧化碳使豬肉變得更加嫩滑,還能帶來特殊的香氣和風味。根本就是滷肉超級神隊友來著!

材料
- 五花肉:500g
- 啤酒:1 罐
- 青蔥:1 根
- 蒜頭:3 瓣
- 生薑:3 片
- 醬油:4 大匙
- 味醂:3 大匙
- 砂糖:2 大匙
- 水:適量

作法
1. 薑切片、蔥切成蔥段及蔥絲、蒜頭拍裂備用。
2. 將五花肉塊下鍋煎至表面金黃,逼出油脂。
3. 同一鍋內加入蒜頭、薑片、蔥段,拌炒出香氣。
4. 取一深鍋放入五花肉,倒入啤酒、放入炒過的蒜頭、薑片、蔥段,補充適量水至材料略被覆蓋。
5. 加入醬油、味醂和砂糖,輕輕攪拌均勻,繼續燉 40 分鐘,至五花肉軟嫩、湯汁略收。
6. 五花肉切片,盛盤後撒上切好的蔥絲增添香氣。

   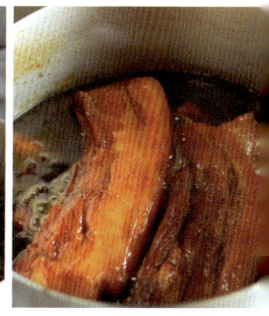

TIPS
1. 若想要製作無酒精版本,可以選用黑麥汁也可以達到一樣的效果。
2. 燉煮時可以覆蓋上烘焙紙,避免過度收汁使味道太鹹。

Recipe 06 義式獵人燉雞

材料
- 帶骨雞腿：3 支
- 洋蔥：1/2 顆
- 蘑菇：12 顆
- 蒜頭：4 瓣
- 番茄罐頭：200g
- 白酒：200ml
- 橄欖油：2 大匙
- 月桂葉：2 片
- 迷迭香：1 支
- 百里香：2 支
- 鹽：適量
- 黑胡椒：適量
- 糖：適量
- 水：適量

作法
1. 雞腿洗淨後分切成兩塊，用紙巾吸乾水分，兩面均勻的撒上鹽和黑胡椒，靜置 10 分鐘。
2. 洋蔥和蘑菇切丁，蒜頭拍裂。
3. 熱鍋加入橄欖油，將雞腿兩面煎至金黃，取出備用。
4. 同鍋加入洋蔥、蘑菇和蒜頭，炒至洋蔥變軟。
5. 倒入白酒，略為煮沸 2 分鐘，讓酒精揮發。
6. 加入番茄罐頭、月桂葉、迷迭香和百里香，攪拌均勻後將煎過的雞腿放回鍋中。
7. 補充適量水，確保雞腿和蔬菜略微被覆蓋。
8. 蓋上鍋蓋，小火燉煮 30 分鐘，直到雞肉熟透，湯汁濃縮。
9. 最後加入鹽、黑胡椒、糖調味就完成嘍。

TIPS
1. 這道菜的湯汁滋味非常好，搭配烤麵包或義大利麵，更能完美吸收醬汁，讓每一口都超美味。
2. 若覺得湯汁過酸可以加入少許糖調味。

一道經典的義大利鄉村菜，這道菜的名稱「Cacciatora」在義大利語中是「獵人」的意思，通常使用容易取得的食材，並透過慢燉的方式來釋放食材的風味。到了現代，我們還是可以當獵人，但就不用到獵場去了，到超市來尋找「獵物」就可以了。

烤蒜頭雞湯

這是一道香氣濃郁的家常湯品，結合了烤蒜頭的甘甜與雞湯的鮮美，風味和層次豐富。烤蒜頭能減少蒜的辛辣感，轉化為濃郁的甜香，再搭配嫩滑的雞肉與溫潤的湯頭，是道標準暖心又暖胃的湯品啊！

材料
- 帶骨雞腿：2 支
- 蒜頭：20 顆
- 橄欖油：1 大匙
- 米酒：1 大匙
- 水：1500ml
- 鹽：適量

作法
1. 將雞腿分切後冷水下鍋，汆燙 3 分鐘後撈出洗淨備用。
2. 將蒜頭的一半淋上少許橄欖油後入烤箱以攝氏 180 度烤 15 分鐘。
3. 起鍋加入雞腿、另一半的生蒜頭、烤好的蒜頭、水、米酒。
4. 煮滾後轉小火煮約 30 分鐘。
5. 最後加入適量鹽調味，這樣就完成嘍。

TIPS
1. 烤蒜頭過程中可以取出翻面一次，這樣會更均勻上色。
2. 若家裡無烤箱則可以用小火半煎炸煸至金黃即可。

Recipe 08 雞肉筑前煮

材料

雞翅腿：6 支　　醬油：3 大匙
蓮藕：1/2 根　　味醂：2 大匙
紅蘿蔔：1/2 根　砂糖：1 大匙
生香菇：5 朵　　清酒：2 大匙
甜豆莢：8 支　　柴魚高湯：1500 ml
生薑：3 片

作法

1. 將紅蘿蔔切塊、生香菇切塊、蓮藕切片備用。
2. 蔬菜入鍋汆燙，撈出瀝乾備用。
3. 另起鍋在鍋中把雞翅腿煎至金黃，再加入柴魚高湯。
4. 煮滾後再加入醬油、味醂、砂糖和清酒，攪拌均勻。
5. 加入香菇、紅蘿蔔、蓮藕、薑片一同燉煮。
6. 蓋上鍋蓋，轉小火燉煮 30 分鐘，至雞肉熟透軟嫩。
7. 最後加入甜豆莢，煮 2 分鐘即可盛盤。

TIPS

1. 燉煮過程中會出現一些浮沫，這是食材中的雜質。定時撇去浮沫能夠保持湯汁清澈。
2. 依據不同的蔬菜可以調整燉煮的時間。

這是典型的日式家庭料理，操作簡單，卻能提供深厚的滋味，是日本冬季餐桌上非常受歡迎的一道菜。搭配的蔬菜也可以自行替換喜歡的根莖類蔬菜都非常合適，可以做成屬於你們家版本的筑前煮，也很適合過年圍爐擺上一鍋呢！

Recipe 09 牡蠣土手鍋

一道源自日本宮城縣的經典鍋物料理，以肥美鮮嫩的牡蠣為主角，搭配各式蔬菜和豆腐等食材，用味噌或醬油湯底燉煮而成。其名稱「土手鍋」來自於鍋邊塗抹味噌形成的「土手」形狀，讓湯頭慢慢融入味噌的濃郁香氣。這道料理溫暖滋補，特別適合寒冷季節享用。

材料

牡蠣：150g
包心大白菜：1/4 顆
青蔥：1 支
豆腐：1/2 盒
生香菇：5 朵
金針菇：1 把
白味噌：3 大匙
赤味噌：3 大匙
味醂：3 大匙
清酒：1 大匙
柴魚高湯：1200ml

作法

1 牡蠣用鹽水輕輕搓洗，沖洗乾淨後瀝乾水分備用。
2 大白菜切段，豆腐切塊，蔥切斜段。
3 將赤味噌、白味噌、味醂、清酒放入碗中攪拌均勻。
4 在鍋底抹上調好的味噌醬，再依序擺上鍋底食材。
5 倒入柴魚高湯小火煮滾後放上牡蠣。
6 蓋上鍋蓋再以小火燜煮約 3 分鐘至牡蠣熟透。
7 熄火後可蓋上鍋蓋燜 1 分鐘，盛出享用。

TIPS

1 以熱水浸泡粗柴魚片 15 分鐘後撈出即可得柴魚高湯。
2 味噌也可以直接以市售常見品牌來替代即可。

Recipe 10 / 大醬馬鈴薯排骨湯

經典的韓式風味，是近期非常受歡迎的選擇呢！主要由排骨、大白菜、馬鈴薯、洋蔥、蒜頭等食材熬煮，搭配大醬的風味，湯頭香濃且帶有一點辣味，讓人感到溫暖舒適，如果想體驗人在韓國的感覺，就挑個特別冷的時候，一起來做這鍋湯品吧！

材料

- 豬軟骨排：400g
- 大白菜：1/4 顆
- 馬鈴薯：1 顆
- 韓式大醬：2 大匙
- 韓式辣醬：1 小匙
- 水：1500ml
- 青蔥：2 根
- 鹽：適量
- 白胡椒粉：適量

作法

1. 將馬鈴薯切塊，大白菜和青蔥切段備用。
2. 把馬鈴薯和大白菜汆燙後瀝乾備用。
3. 豬軟骨排洗淨後，放入沸水中汆燙 2 分鐘去除血水，撈出沖洗乾淨備用。
4. 起鍋炒香韓式大醬與韓式辣醬再下入馬鈴薯和大白菜一同拌炒。
5. 鍋中加入清水，放入豬軟骨排，開中火煮至湯開始冒泡，轉小火撇去浮沫。
6. 小火慢燉約 40 分鐘直到豬軟骨排變得軟嫩。
7. 起鍋前加入青蔥段，再煮 5 分鐘，根據口味下入鹽和白胡椒粉調味。
8. 熄火後即可盛出，熱騰騰地享用這道濃郁香醇的大醬馬鈴薯排骨湯。

TIPS

1. 排骨汆燙完之後若雜質過多，可以直接用清水清洗乾淨再下鍋。
2. 辣醬的部分可以依照個人口味做增減調整。

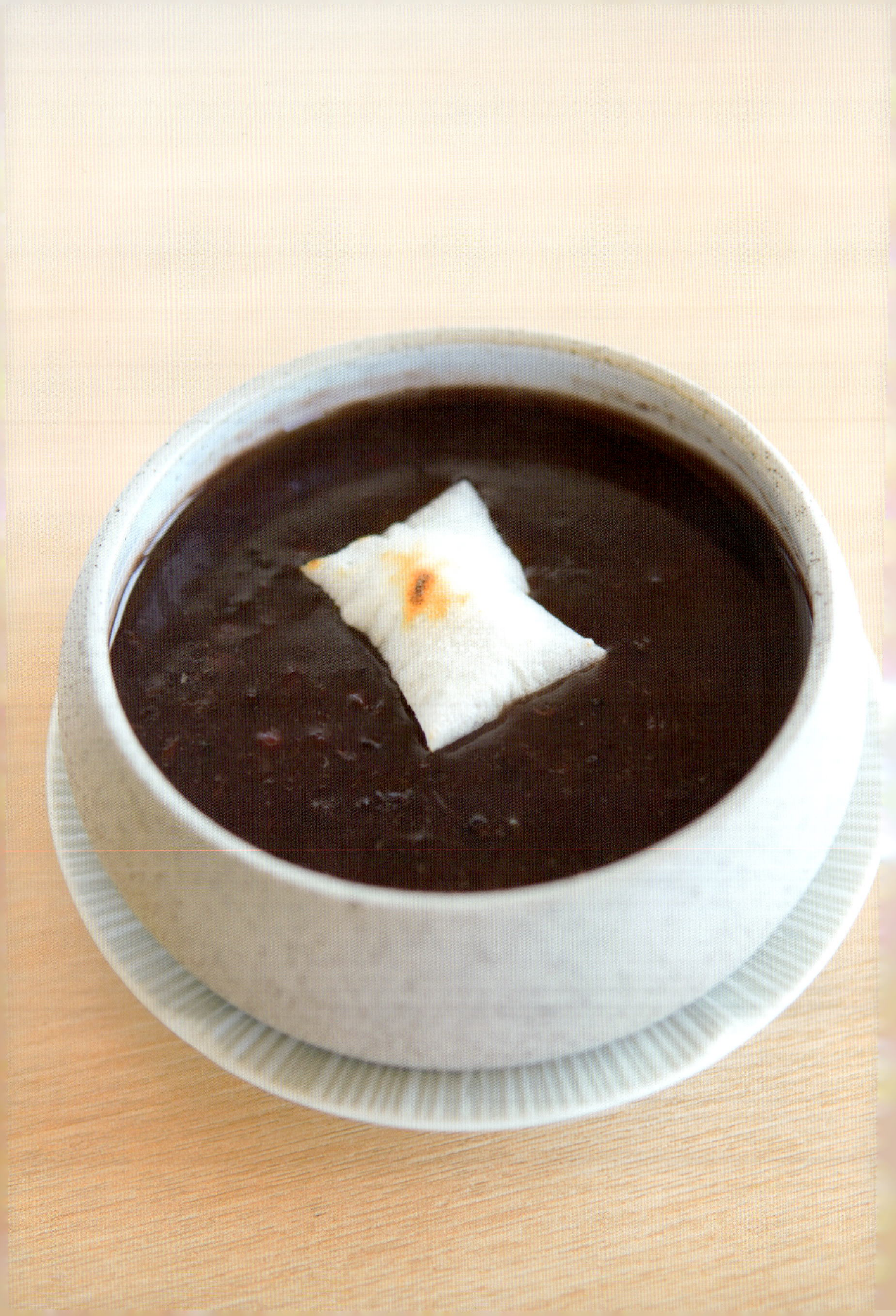

紅豆紫米粥

Recipe 11

紅豆紫米粥是一道營養豐富、口感香甜的中式甜粥，以紫米和紅豆為主要食材，再加入冰糖調味，尤其適合秋冬季節食用，加入紫米後還有更濃厚的口感，也可以搭配上一個經典的烤年糕就會有濃濃日式風味！

材料

紅豆：150g
紫米：100g
冰糖：4大匙
水：2000ml

作法

1. 紅豆和紫米分別清洗乾淨，浸泡3～4小時或隔夜。
2. 將浸泡的紅豆紫米瀝乾放入鍋中，加入清水，先以大火煮沸，然後轉小火煮40分鐘。
3. 當紅豆和紫米都變得軟爛時，加入冰糖，攪拌至糖完全融化。
4. 關火，蓋上鍋蓋燜5～10分鐘後盛出食用。

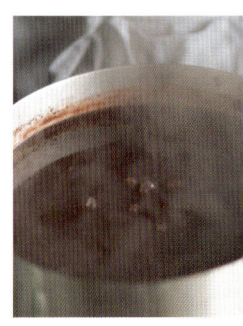

TIPS

1. 可以將紅豆和紫米事先冷凍，加快燉煮時間。
2. 糖必須等紅豆和紫米已經完全煮透之後才能放入。

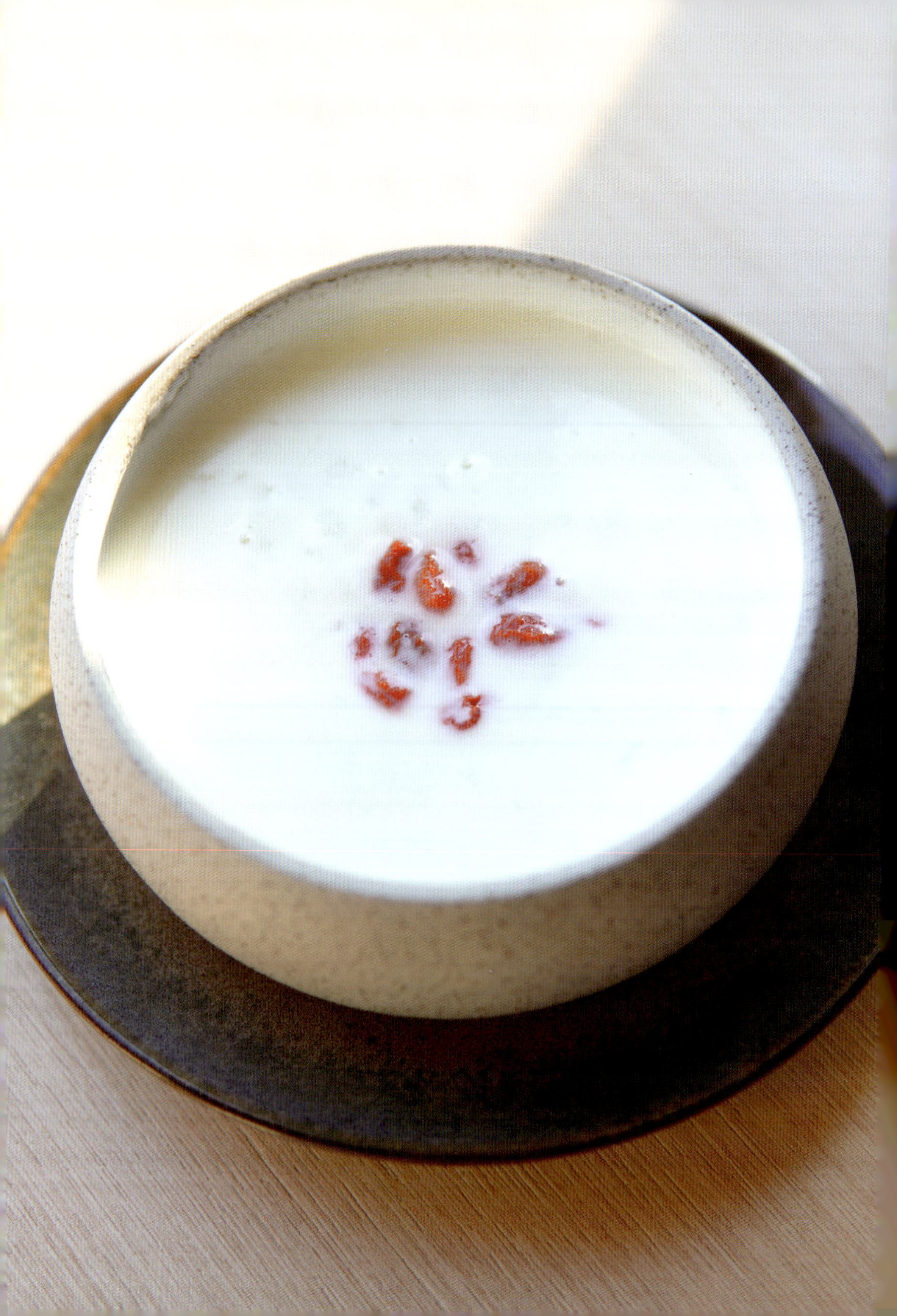

Recipe 12 美齡粥

以山藥和豆漿為主要食材，搭配糯米煮製而成，口感細滑、香甜可口，營養豐富。這道粥因宋美齡夫人而聞名，據說她經常食用這款粥來維持健康與美麗，故得名「美齡粥」，只能說宋美齡夫人真的太懂吃了！

材料

糯米：40g
白米：20g
山藥：100g
冰糖：4大匙
水：800ml
豆漿：800ml

作法

1. 糯米混合白米用水洗淨，浸泡1小時。
2. 山藥蒸熟後搗成泥狀備用。
3. 將糯米和白米瀝乾放入鍋中，加500ml水，以大火煮沸後轉小火，煮至米粒軟爛呈濃稠狀，期間不時攪拌以防黏鍋。
4. 加入山藥泥一同以小火燉煮約5分鐘。
5. 加入豆漿以及冰糖，以中小火煮滾，煮至冰糖完全融化後關火，即可享用。

TIPS

1. 糯米也可事先冷凍，縮短燉煮時間。
2. 可依喜好加入枸杞或蓮子增添風味與養生效果。

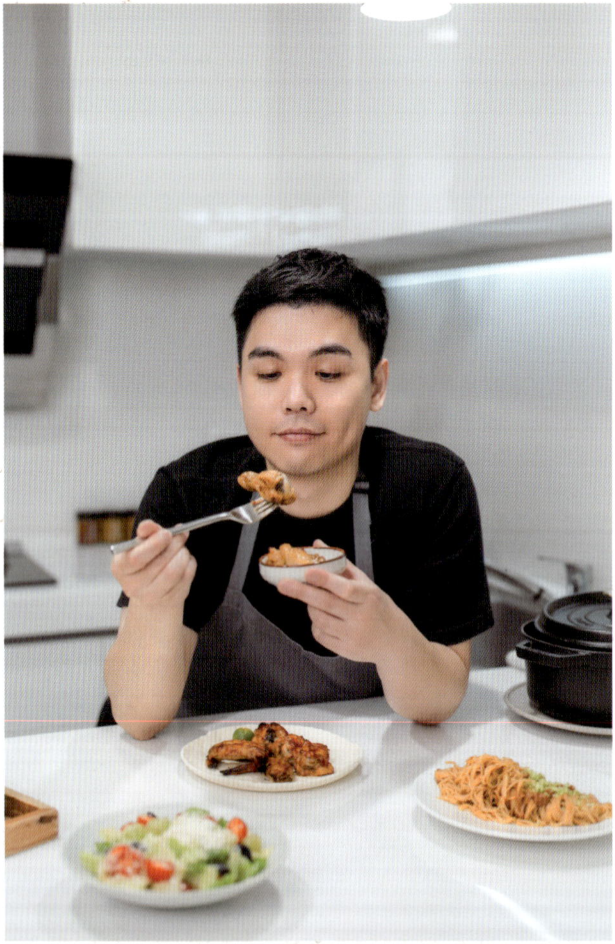

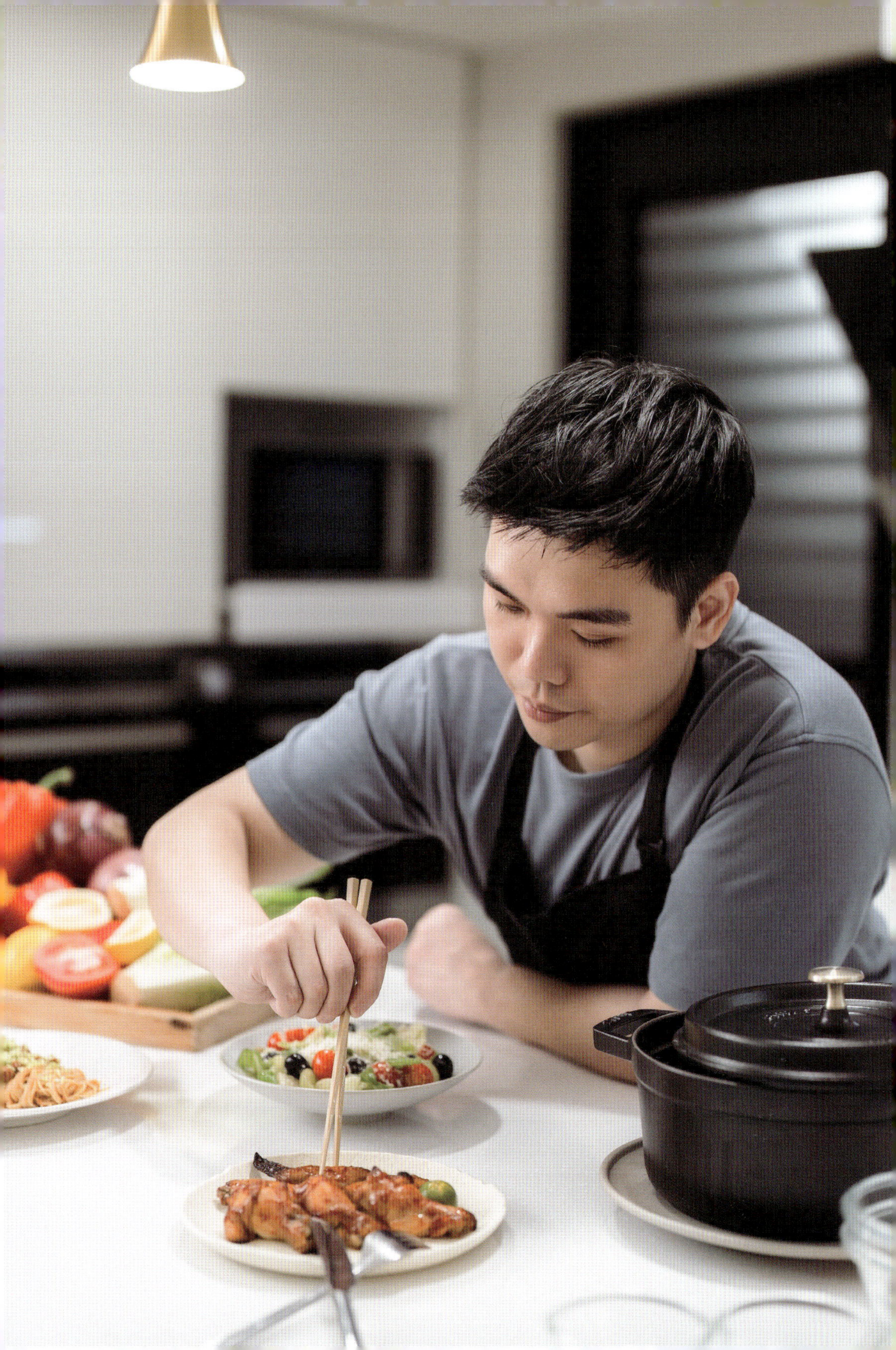

CHAPTER 2

超級懶人系列
一鍋到底
口感升級料理

一鍋到底料理不只省時省力，還能巧妙利用食材的搭配組合，讓各種風味交融，再透過烹調技巧和調味，整體的滋味變得更加豐富，工序簡化為在家就可以端出的大菜，光想就很吸引人！

- 01 刺客義大利麵
- 02 中華肉醬義大利麵
- 03 海苔醬烏龍麵
- 04 臘肉蛋黃麵
- 05 麻油松阪飯
- 06 燒烤醬雞翅
- 07 韓式辣醬奶油雞
- 08 法式芥末奶油雞
- 09 照燒雞肉漢堡排
- 10 蒜味蝦仁飯
- 11 乾煸五花肉
- 12 香辣乾鍋雞

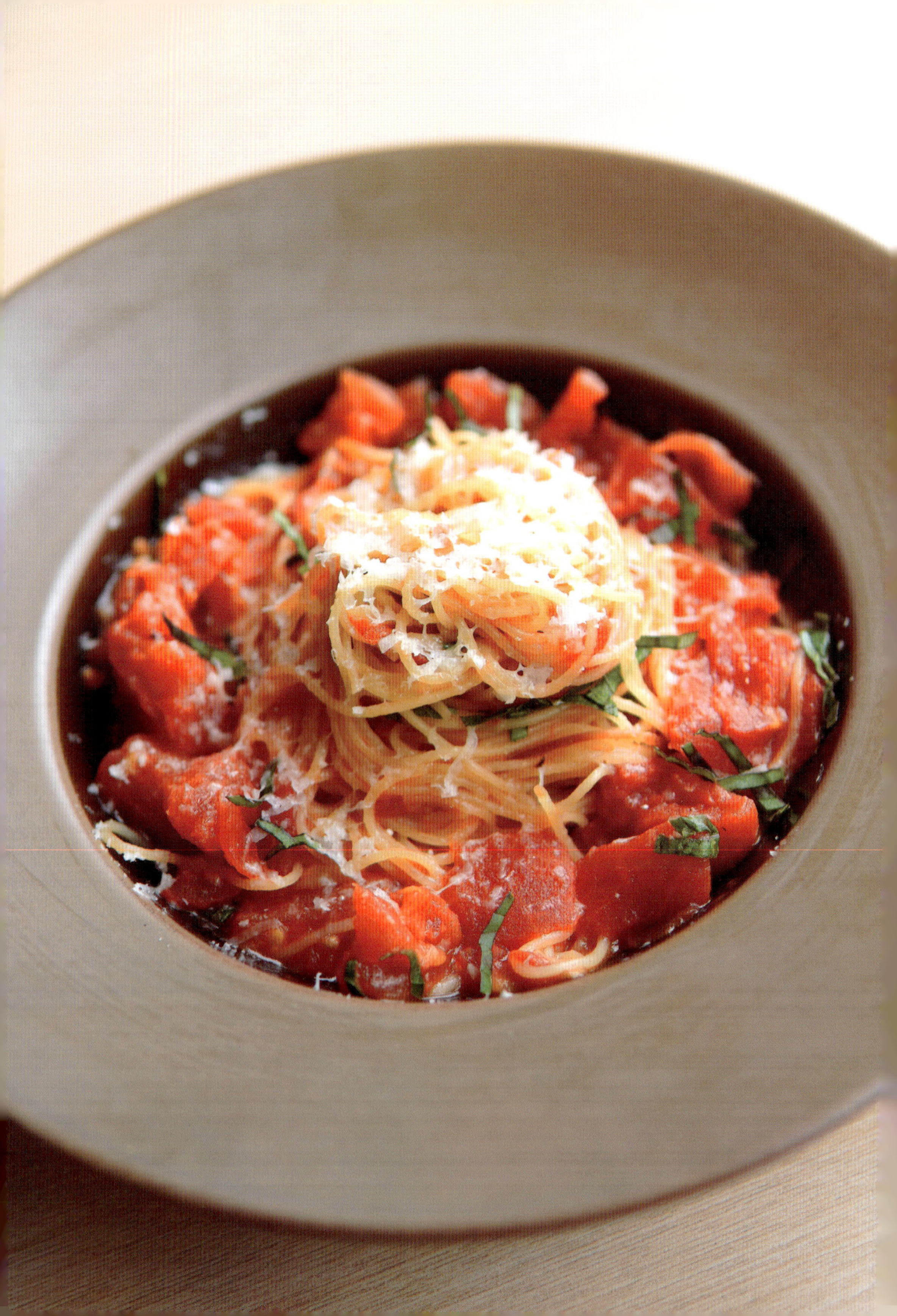

Recipe 01 刺客義大利麵

風味獨具且出乎意料的義大利麵料理，「刺客」意味著它會以意想不到的方式征服你的味蕾，帶來強烈的驚豔感。以濃郁的番茄基底為主，融合了獨特的香料，帶有一點辣味，這些香料和辣味也像隱藏的「刺客」，直擊你的味蕾。

材料

- 義大利麵：160g
- 橄欖油：2大匙
- 蒜末：2瓣
- 乾辣椒：1小匙
- 水：400ml
- 罐頭番茄：80g
- 鹽：1小匙
- 羅勒葉：3片
- 黑胡椒：適量
- 奶油：適量
- 硬質起司：適量

作法

1. 熱鍋中加入橄欖油，放入義大利麵煎到微微金黃。
2. 鍋邊下入大蒜和乾辣椒炒出香氣時，再加入罐頭番茄，繼續翻炒至醬料均勻混合。
3. 加入水，水滾後將義大利麵煮至熟透，再加入鹽、黑胡椒調味。
4. 最後加入奶油攪拌，讓醬汁乳化。
5. 撒上新鮮羅勒葉及刨上起司裝飾，增添風味。

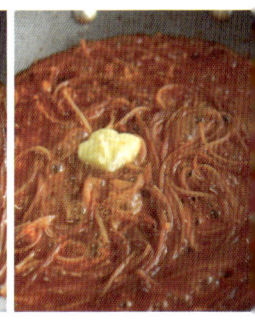

TIPS

1. 羅勒葉也可以用九層塔替代。
2. 這邊選用天使細麵可以加快烹調時間。

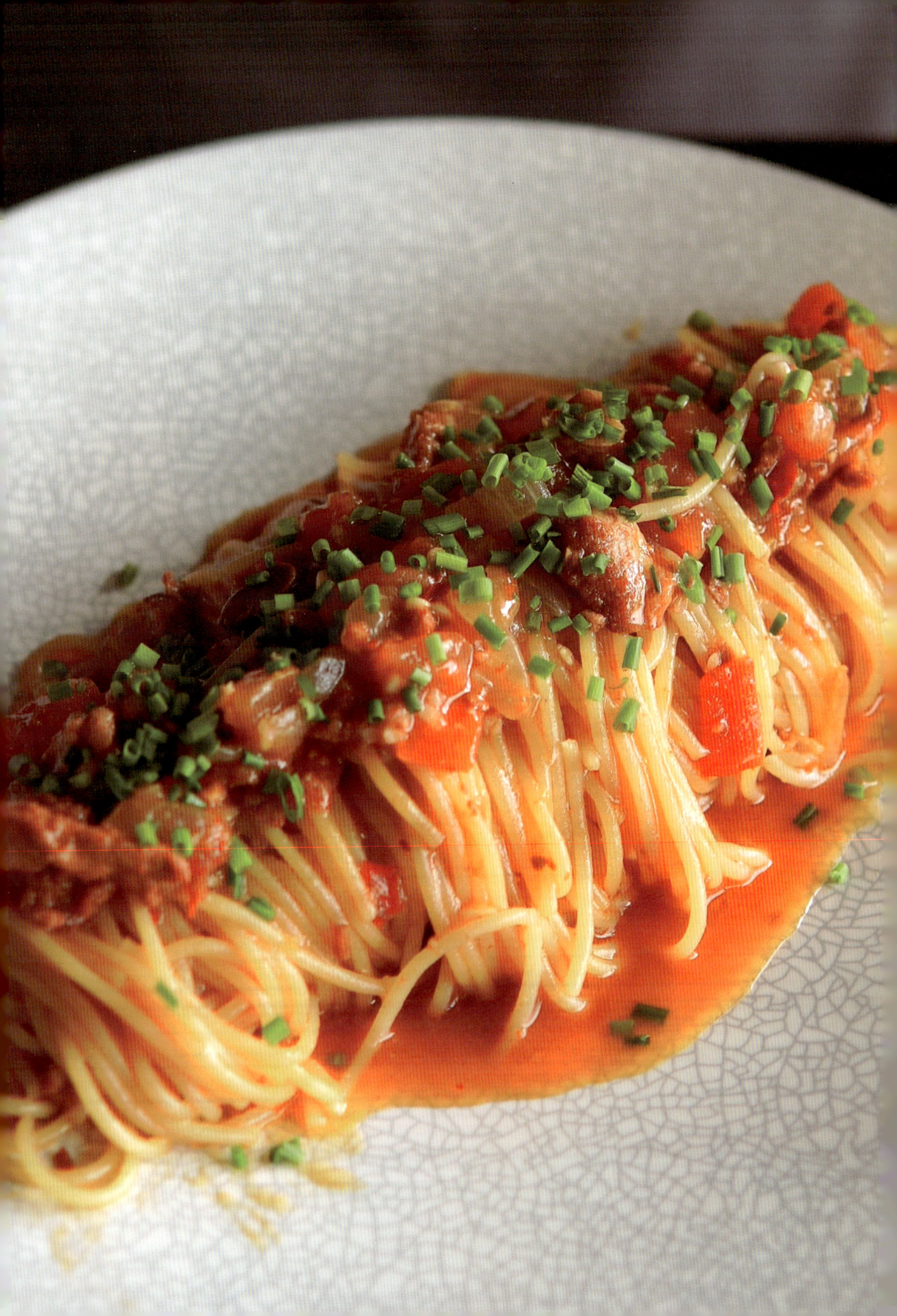

Recipe 02 中華肉醬義大利麵

融合中式風味與義大利麵的創新料理，既有義大利麵的彈牙口感，又有中華料理獨特的風味。這道料理的精髓在於其特製的醬汁，將中式的調味料如醬油膏、蠔油、肉醬罐頭與義大利麵相結合，打造出一個具有層次感和深度的味覺體驗。

材料
- 天使細麵：160g
- 洋蔥：1/2 顆
- 牛番茄：1/2 顆
- 蒜末：1 瓣
- 肉醬罐頭：1/2 個
- 醬油膏：1 大匙
- 蠔油：1 大匙
- 水：400ml
- 橄欖油：適量

作法
1. 加少許橄欖油，放入蒜末與洋蔥，用中火翻炒至洋蔥變軟。
2. 加入切丁的牛番茄繼續翻炒，直到番茄稍微熟透出汁。
3. 加入肉醬罐頭，攪拌均勻，並倒入水。
4. 水滾後加入天使細麵繼續煮約 5 分鐘，讓醬汁稍微濃縮。
5. 加入蠔油以及醬油膏攪拌至完全融化，讓醬汁更加滑順。
6. 鍋中翻炒均勻，讓麵條充分吸收醬汁就完成嘍。

TIPS
1. 選用天使細麵更適合一鍋到底。
2. 肉醬罐頭可依照個人喜好選擇辣或不辣。

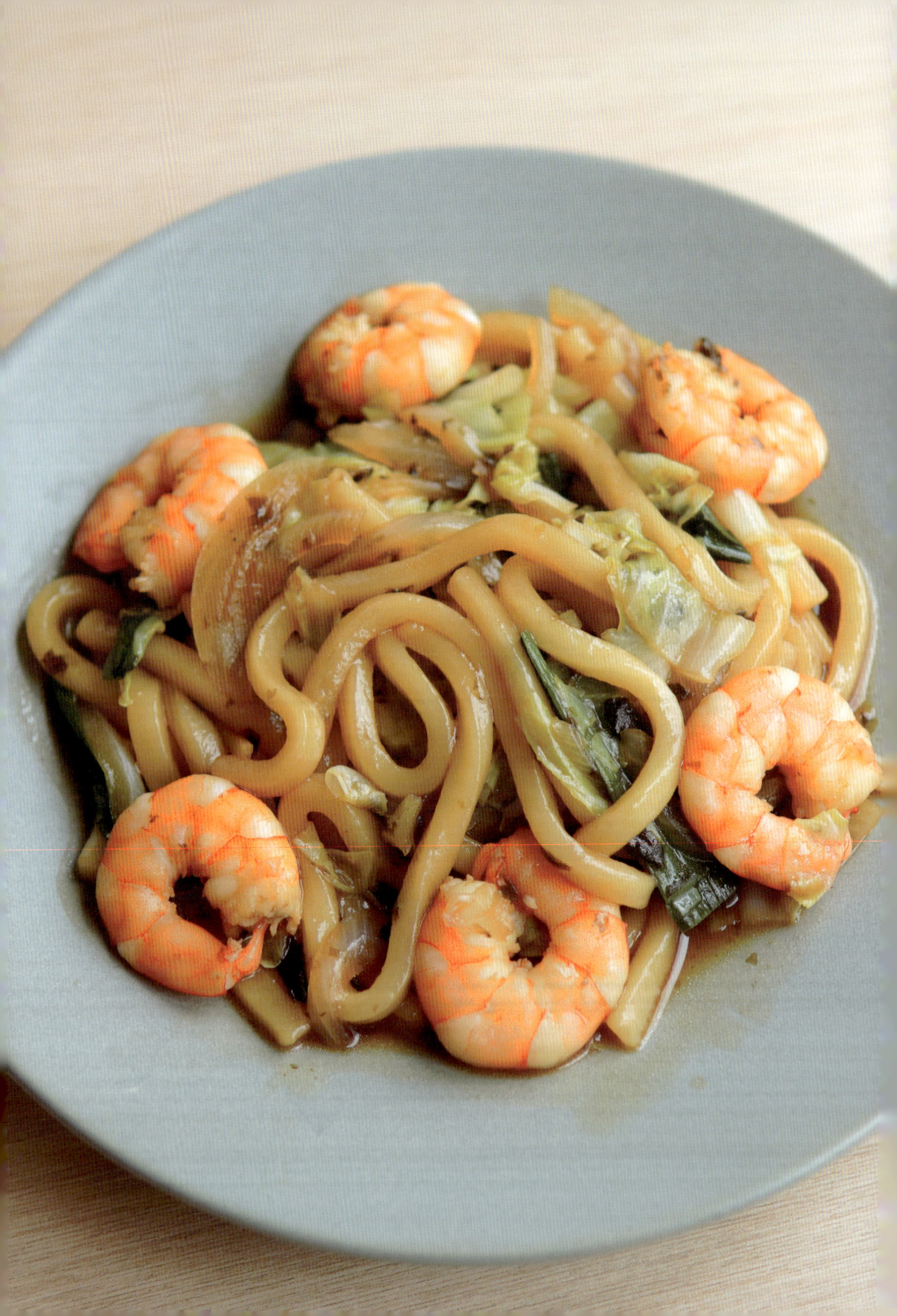

Recipe 03 海苔醬烏龍麵

充滿日式風味的快速料理,將濃郁的海苔醬與彈牙的烏龍麵結合,搭配時令蔬菜或其他配料,帶來香氣濃郁又滑順的口感。這道料理簡單好上手,適合忙碌時快速享用,也能隨心變化成海鮮或素食版本哦!

材料
- 烏龍麵:1 包
- 蝦仁:6 尾
- 洋蔥絲:1/4 顆
- 蔥段:1/2 支
- 高麗菜絲:80g
- 海苔片:4 片
- 味醂:1 大匙
- 醬油膏:2 大匙
- 柴魚高湯:500ml

作法
1. 熱鍋中加少許油,放入蝦仁以及洋蔥絲與蔥段炒至香氣四溢,洋蔥稍微變軟。
2. 加入高麗菜絲繼續翻炒,炒至高麗菜略軟後將所有食材撈起備用。
3. 加入柴魚高湯,放入撕碎的海苔片轉小火煮約 5 分鐘,讓海苔融化成糊狀後,再下醬油膏與味醂調味。
4. 把烏龍麵加入醬汁中,翻炒至麵條完全吸收醬汁。
5. 再倒入一開始拌炒的蝦仁和蔬菜料,繼續翻炒均勻即完成。

TIPS
1. 用熱開水浸泡粗柴魚片,過濾後即得到柴魚高湯。
2. 即便是受潮的海苔也很適合拿來煮成海苔醬。

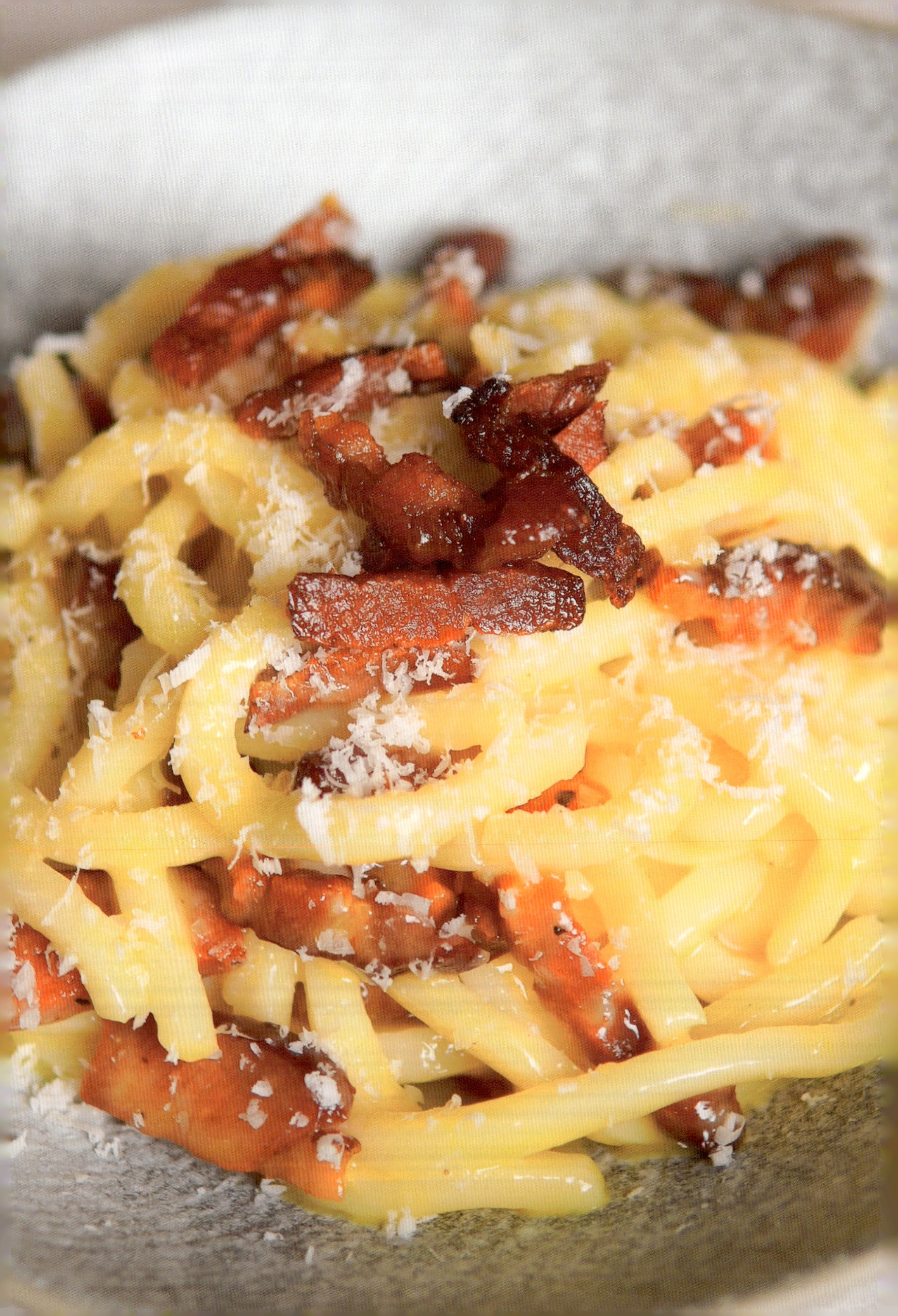

Recipe 04 臘肉蛋黃麵

經典的培根蛋黃麵大家都看過吧！但這次我們將其元素解構，以台式臘肉替代義式風乾豬頰肉。一樣可以煸出香氣十足的豬油，再選擇烏龍麵來搭配，不僅別具特色，還能輕鬆完成！

材料
- 臘肉：1/4 條
- 烏龍麵：1 包
- 蛋黃：2 顆
- 帕馬森起司：適量
- 黑胡椒：1 小匙
- 鹽：1 小匙
- 橄欖油：適量

作法
1. 臘肉切細條備用。
2. 鍋中倒入橄欖油加熱，加入細臘肉條，以中火炒香至臘肉釋出油脂，呈微焦金黃色，分別瀝出臘肉與油備用。
3. 將烏龍麵汆燙後撈起備用。
4. 將蛋黃放入碗中，刨入帕馬森起司攪拌均勻。
5. 加入烏龍麵、鹽、黑胡椒、臘肉以及逼出的臘肉油。
6. 充分攪拌使其達到乳化狀態。
7. 盛盤後再次刨上帕馬森起司就完成嘍。

TIPS
1. 可以用少許燙麵水來調整稠度。
2. 選用五花肉部位的臘肉更適合這道料理。

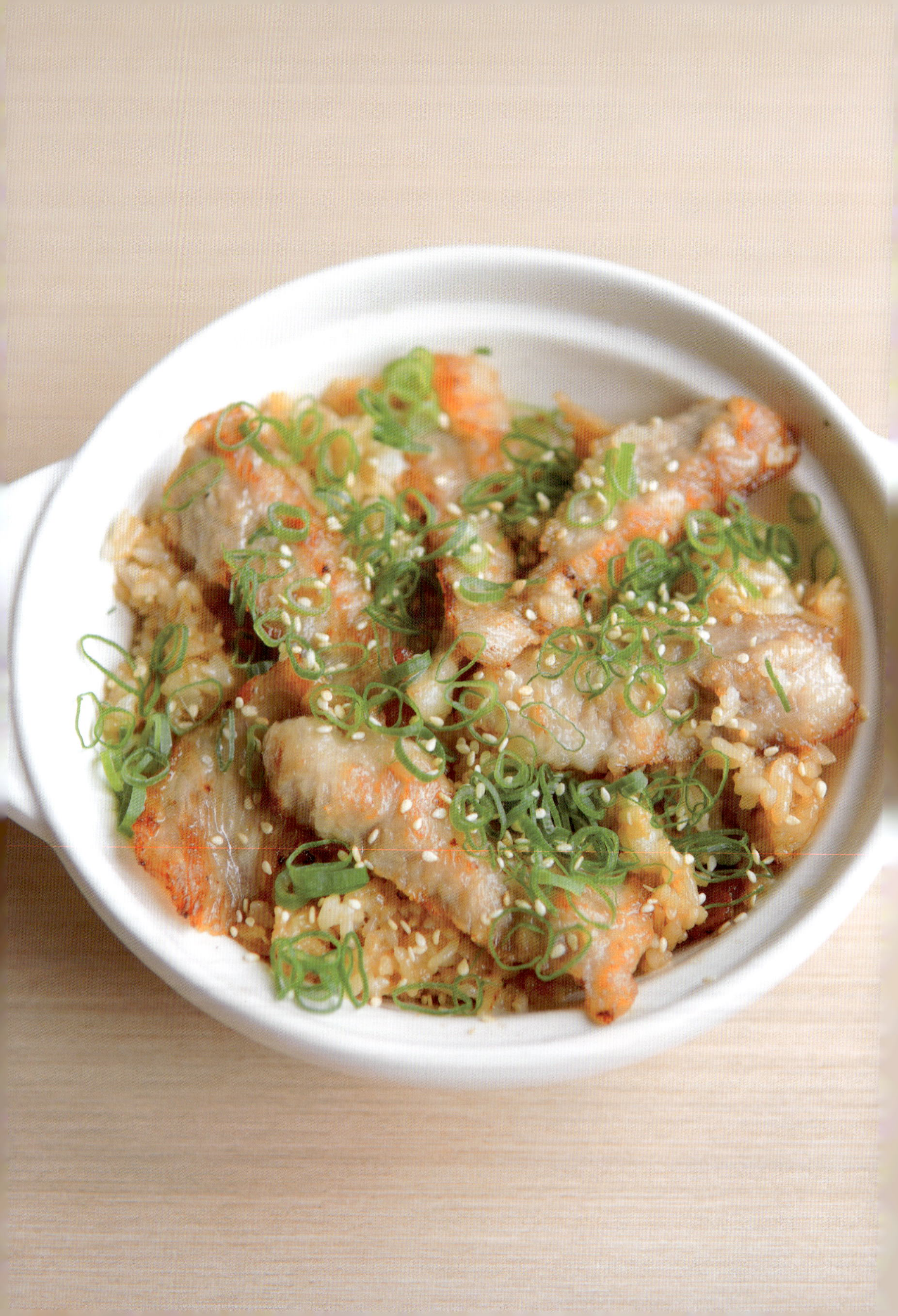

麻油松阪飯

Recipe 05

結合麻油香氣、松阪豬肉和白飯的家常料理,特色在於將所有食材一同煮製,讓麻油的香氣深入肉片和米飯中,風味十足。這道菜的做法簡單且富有層次,麻油的香氣和豬肉的鮮嫩,整體口感十分豐富。

材料

松阪豬肉:150g
白米:1 杯
麻油:1 大匙
醬油:1 大匙
米酒:1 大匙
蔥:1 段
薑片:8 片
高湯:1 杯
油:適量

作法

1. 先將米洗淨,泡水約 15 分鐘,瀝乾水分備用。
2. 熱鍋中加入油,放入松阪豬肉塊煎至兩面微焦,撈起備用。
3. 同鍋中放入薑片,以小火煸至金黃捲曲。
4. 加入麻油後放入白米一起拌炒約 2 分鐘。
5. 加入高湯煮沸後再下醬油、米酒。
6. 蓋上鍋蓋,小火燉煮約 20 分鐘,熄火後再燜 10 分鐘,直到米飯熟透並吸收湯汁。
7. 將煎過的松阪肉放回鍋中,輕輕攪拌就完成,盛碗,將蔥切細撒入即可享用。

TIPS

1. 以植物油爆香薑片後再加入麻油,這樣能釋放出麻油的香氣,而不會過度損失風味。
2. 除了松阪豬肉,也可以選擇自己喜好的豬肉部位替代。

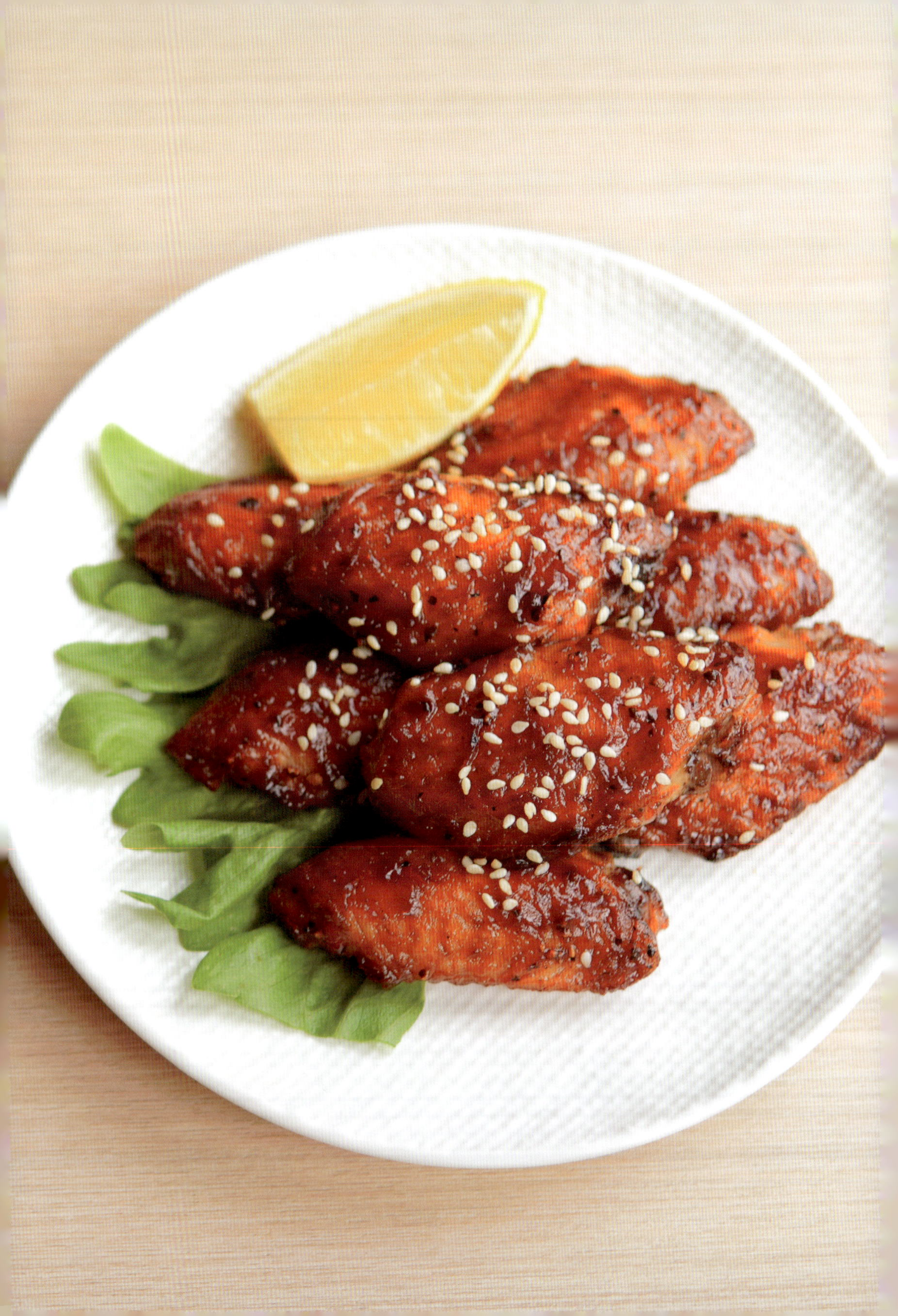

Recipe 06 燒烤醬雞翅

BBQ 雞翅是一道經典的美式烤雞料理，以其甜鹹交錯、微微焦香和濃郁的煙燻風味著稱。分享在家用最簡單的方法就可以製作，還可以選用烤箱或是氣炸鍋來完成，出爐後真的是讓人一口接一口停不下來。

材料
雞翅：12 支

醃料
紅椒粉：1 小匙
義大利香料：1 小匙
番茄醬：2 大匙
黑胡椒：1 小匙
白酒：1 大匙

醬汁
番茄醬：5 大匙
蘋果醋：5 大匙
黑糖：80g
黃芥末：1 小匙
紅椒粉：1 小匙
梅林辣醬油：1 小匙
黑胡椒：1 小匙

作法
1. 將雞翅放入碗中，加入紅椒粉、義大利香料、番茄醬、黑胡椒和白酒，拌勻後醃製至少 1 小時。
2. 將醬汁材料混合均勻，備用。
3. 烤箱預熱至攝氏 180 度。
4. 將醃好的雞翅放在烤盤上，烤約 10 分鐘，翻面後再烤 10 分鐘，直到雞翅表面金黃酥脆。
5. 將烤好的雞翅取出，刷上調好的醬汁，繼續烤 5 分鐘，讓醬汁與雞翅充分融合。
6. 最後再刷上一層醬汁，稍微靜置後就完成嘍。

TIPS
1. 如果喜歡稍微帶點辣味，可以在醬汁中加入一點辣椒粉或韓式辣椒醬。
2. 用氣炸鍋也是以同樣的溫度時間操作即可。

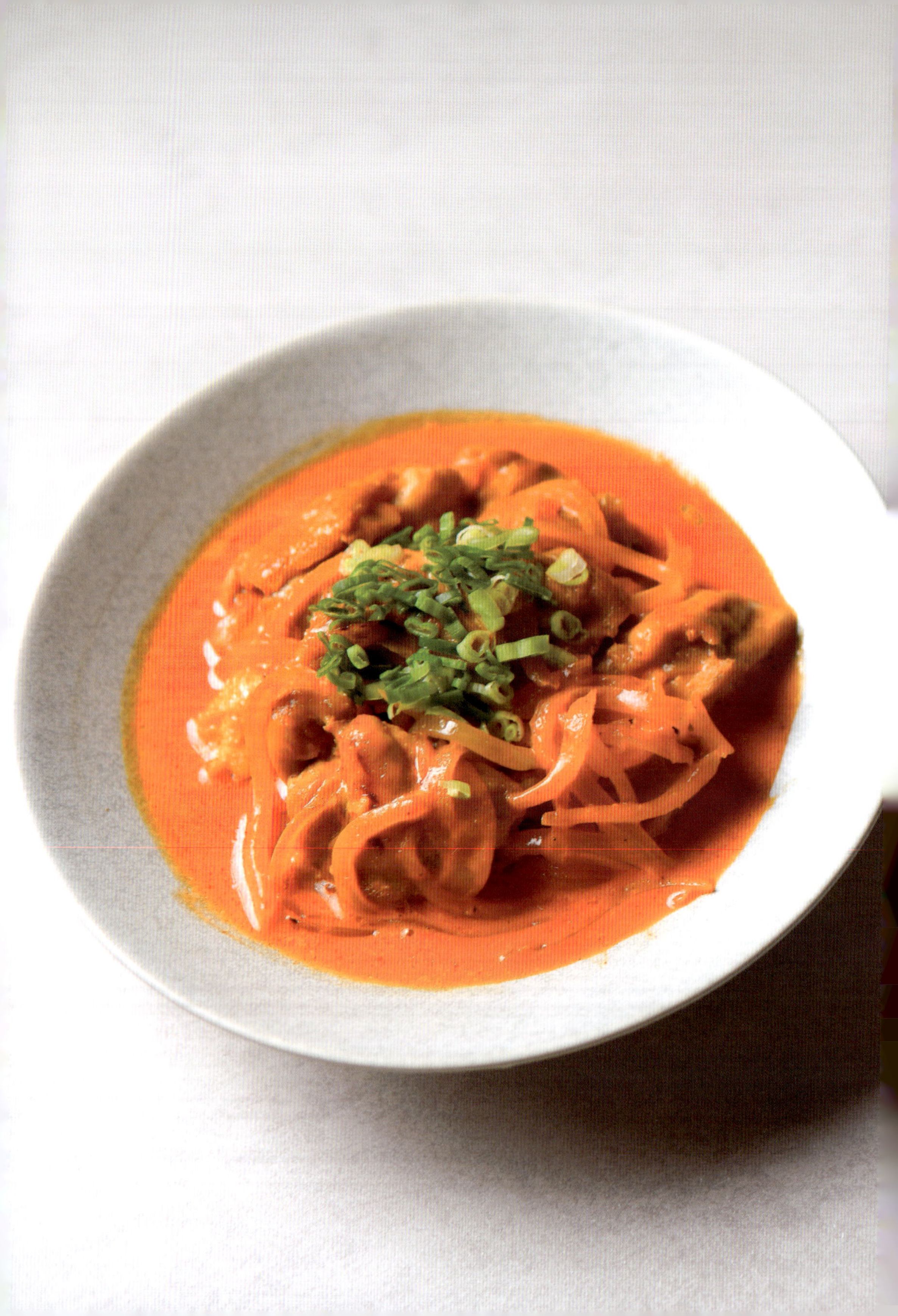

Recipe 07

韓式辣醬奶油雞

融合韓式風味與西式料理技巧的創意佳餚。以韓式辣醬為基底，搭配鮮奶油的濃郁與雞肉的鮮嫩，呈現出辣中帶甜、濃香滑順的迷人口感。這道料理既有韓式的辛香刺激，又有奶油的溫潤柔和，是一道既適合配飯也能搭配麵條或麵包的萬用料理！

材料
- 去骨雞腿肉：2 支
- 洋蔥：1/4 顆
- 蒜頭：1 瓣
- 無鹽奶油：20g
- 韓式辣醬：1 大匙
- 糖：1 大匙
- 鮮奶油：2 大匙
- 水：200ml
- 蔥末：適量
- 胡椒粉：適量
- 鹽：適量

作法
1. 把雞腿肉切塊後撒鹽和胡椒粉略醃備用。
2. 洋蔥切絲，蒜頭切成末。
3. 加熱平底鍋放入雞腿，煎至表皮金黃後取出。
4. 同鍋再放入奶油，待融化後加入蒜末和洋蔥，炒至洋蔥透明。
5. 再放入韓式辣醬炒香後加入水和糖，最後再放入雞腿翻炒，讓雞肉均勻裹上醬汁。
6. 倒入鮮奶油，攪拌均勻，以小火煮至濃稠。
7. 起鍋後撒上蔥末就完成嘍。

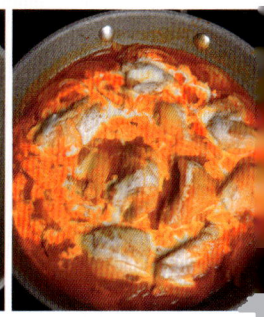

TIPS
1. 鮮奶油在關火前加入即可，避免過高溫度導致油水分離。
2. 選用動物性鮮奶油可以讓醬汁乳化得更漂亮。

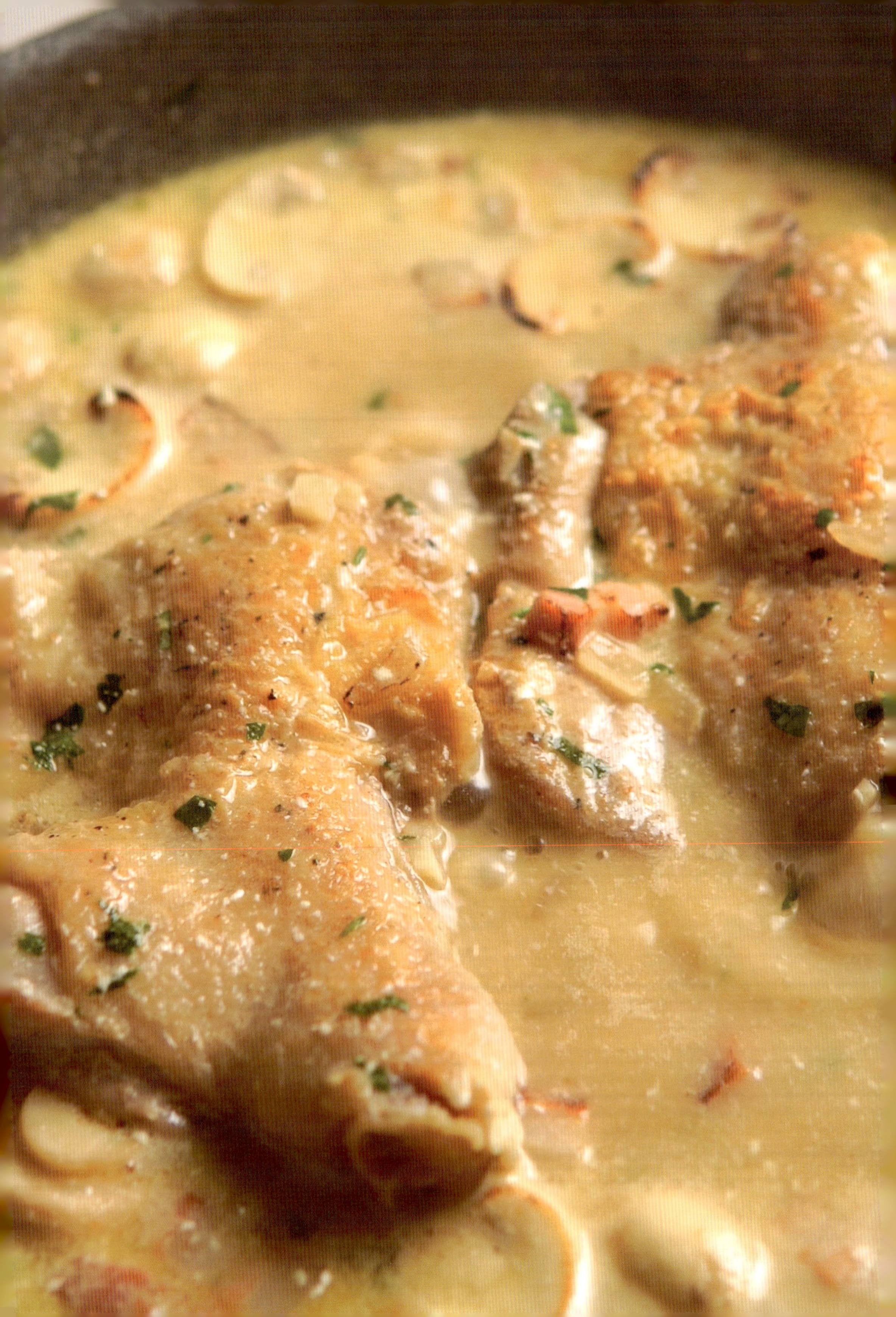

法式芥末奶油雞

芥末醬的辛辣和奶油的濃郁，所創造出的醬汁細膩而香濃，完美襯托了雞腿肉的鮮嫩，既有層次感，又不會過於強烈，讓雞肉的風味更加凸顯。還可以搭配白飯、蒸蔬菜或馬鈴薯泥，讓每一口都充滿香濃的滋味。

材料

- 去骨雞腿肉：2 支
- 蒜頭：1 瓣
- 洋蔥：1/4 顆
- 洋菇：8 顆
- 厚培根：1 片
- 無鹽奶油：20g
- 法式芥末醬：1 大匙
- 白酒：100ml
- 鮮奶油：2 大匙
- 雞高湯：300ml
- 羅勒葉：適量
- 橄欖油：適量
- 黑胡椒：適量
- 鹽：適量

作法

1. 雞腿肉撒上鹽和黑胡椒調味備用。
2. 洋蔥和蒜頭切末，厚培根切細條，洋菇對切。
3. 平底鍋加熱，倒入橄欖油，將雞腿肉皮面向下煎至表面呈金黃後取出備用。
4. 同鍋加入無鹽奶油，放入洋蔥、蒜頭、洋菇、厚培根炒香。
5. 倒入白酒，稍微煮至酒精揮發。
6. 然後倒入雞高湯後加入法式芥末醬攪拌均勻。
7. 放回雞肉，讓雞肉吸收醬汁，煮約 5 分鐘至完全熟透，再加入鮮奶油收汁至濃稠。
8. 起鍋後分切雞肉再淋上醬汁，撒上羅勒葉裝飾就完成嘍。

TIPS

1. 使用法式芥末醬比一般的黃芥末更能凸顯香氣。
2. 若不想要有辛辣感，也可以選用芥子醬來替代。

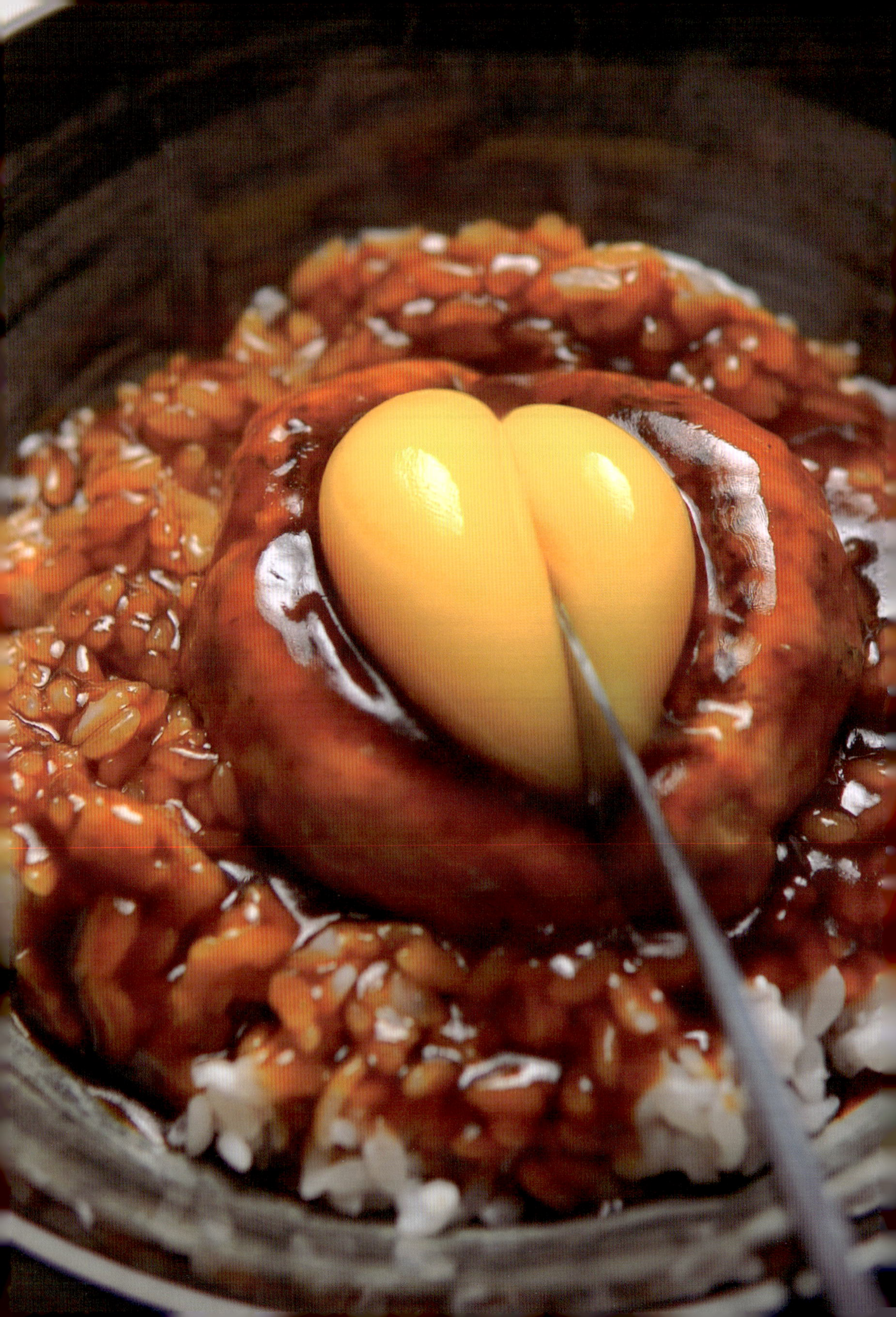

Recipe 09 照燒雞肉漢堡排

有別於常見的漢堡排，這次分享的是低脂版的雞胸肉漢堡排，融合了照燒醬的甘甜鹹香，肉質軟嫩多汁，適合搭配白飯、麵食或夾入漢堡麵包享用。這道料理的靈魂在於照燒醬煮至濃稠裹住雞肉漢堡排，讓每一口都充滿層次感。

材料
蛋黃：1 顆

漢堡排
雞胸肉：1 付
雞軟骨：60g
洋蔥：1/4 顆
紫蘇葉：5 片
鹽：1 大匙
胡椒：1 小匙
香油：1 小匙
蛋白：1 顆

醬汁
醬油膏：2 大匙
番茄醬：2 大匙
味醂：1 大匙
清酒：1 大匙
糖：1 大匙

作法
1 將雞胸肉和雞軟骨剁碎，洋蔥和紫蘇葉切成細末備用。
2 在碗裡加入雞胸肉和雞軟骨以及洋蔥和紫蘇葉，放入調味料後充分攪拌均勻並甩打出黏性。
3 將絞肉在手中捏成漢堡排形狀並在中間用湯匙壓一個凹槽備用。
4 起鍋先將雞肉漢堡排煎到兩面金黃後，再下入調好的醬汁。
5 以中火煮至醬汁濃稠後，即可起鍋盛盤。
6 盛好白飯放上漢堡排，淋上醬汁，最後再放上一顆生食級蛋黃就完成嘍！

TIPS
1 若要搭配蛋黃時，需選用生食級雞蛋。
2 加入雞軟骨提升口感是日式常用的手法，若不易買到雞軟骨也可以用荸薺替代。

Recipe 10
蒜味蝦仁飯

結合蒜香與蝦仁的鮮甜滋味，炒飯的米粒飽滿又充滿蒜酥的濃郁香氣。以奶油炒香蒜末的香氣真是難以抵擋，再加入新鮮的蝦仁以及適量的醬油調味，營造出層次豐富的口感。最後撒上蒜酥和青蔥點綴，不僅增添香氣，還讓整道料理更加誘人。

材料
白飯：2 碗
蝦仁：8 尾
蒜末：4 瓣
蔥花：適量
醬油：1 大匙
無鹽奶油：1 小塊
米酒：適量
鹽：適量
胡椒粉：適量

作法
1 蝦仁剝殼洗淨，去腸泥，用米酒和少許鹽稍微抓醃 10 分鐘。
2 飯提前煮好備用，將飯粒撥散放涼。
3 鍋中加入蝦仁，加熱翻炒至蝦仁變色，盛出備用。
4 同鍋加入奶油下入蒜末，以小火炒香至金黃色。
5 下入白飯拌炒均勻後加入醬油和胡椒粉調味。
6 最後加入蝦子和蔥末拌炒均勻增添香氣，即可上桌。

TIPS
1 保留蝦頭可以煎出更多濃郁的蝦味。
2 也可以使用隔夜冷飯，在下鍋前先微波到溫熱更好入味。

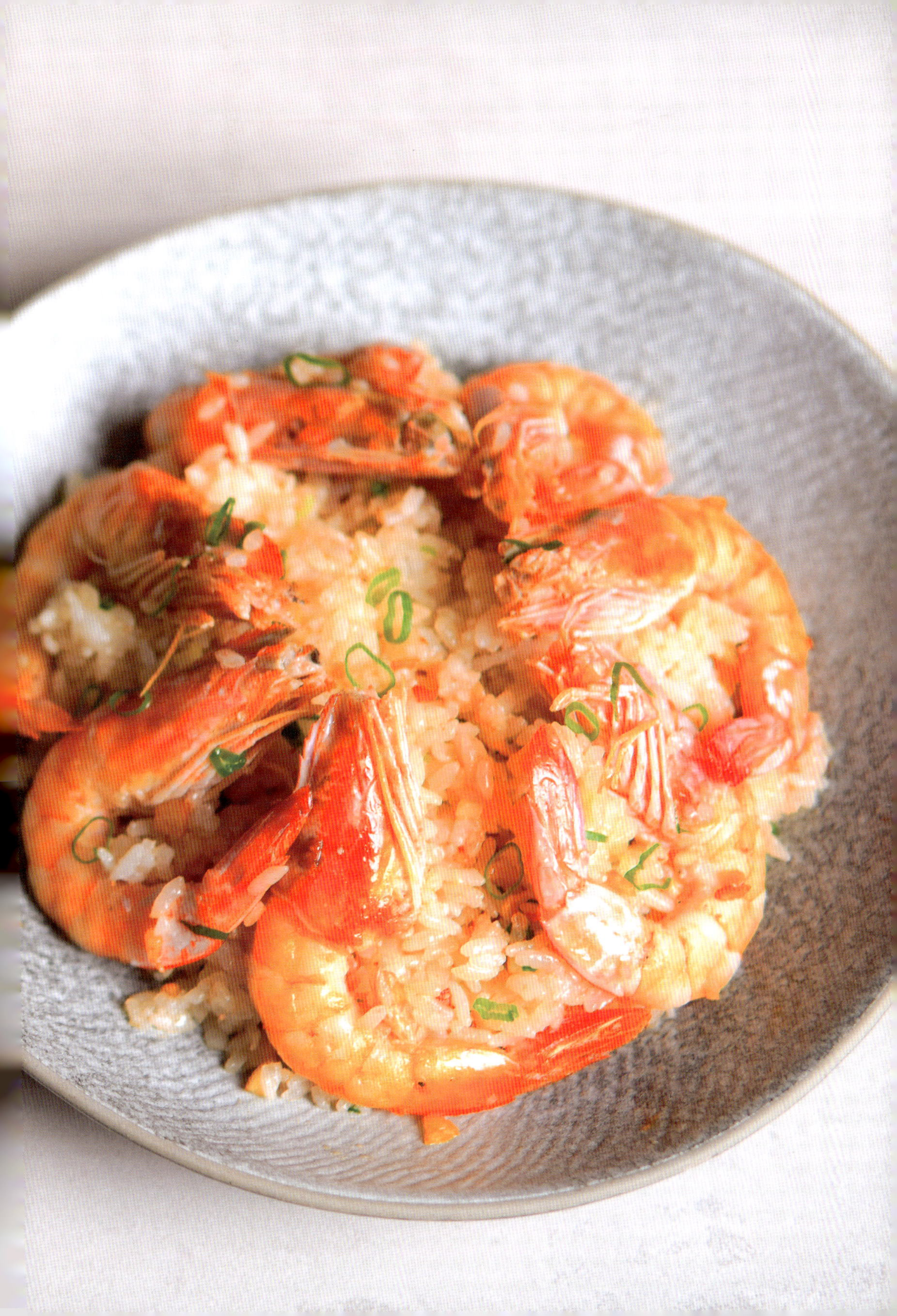

Recipe 11

乾煸五花肉

極具風味的中式菜肴，以五花肉為主要食材，搭配香辣的調味料和乾煸技法製作而成。特色在於將五花肉煸炒至外表微焦，肉質酥脆，並且與乾辣椒、蒜末等香料一同拌炒，讓五花肉的鮮香與辣味、香氣融合，味道濃郁且具有層次感。我想特別提醒你，晚餐煮這道料理的時候，記得多煮兩杯米！

材料
五花肉：150g
青椒：1 顆
蒜苗：1 根
蒜末：2 瓣
薑末：1 小塊
醬油：1 大匙
辣豆瓣醬：1 大匙
糖：1 大匙

作法
1 五花肉切薄片，青椒切片，蒜苗切斜片備用。
2 加熱鍋子，倒入少許底油再下五花肉，用小火煸炒出油，至五花肉微焦後取出備用。
3 同鍋放入蒜末、薑末、蒜苗，翻炒片刻後加入辣豆瓣醬，炒出紅油。
4 加入煸過的五花肉和青椒，翻炒均勻，淋上醬油和糖調味。
5 快速翻炒，讓蔬菜保持爽脆口感。
6 起鍋裝盤，就完成囉。

TIPS
1 乾煸出的五花肉多餘油脂，可以另外保存，之後炒青菜做蘸醬或拌菜都有妙用。
2 嗜辣的朋友非常適合這道料理，也可以另外加入一點朝天椒。

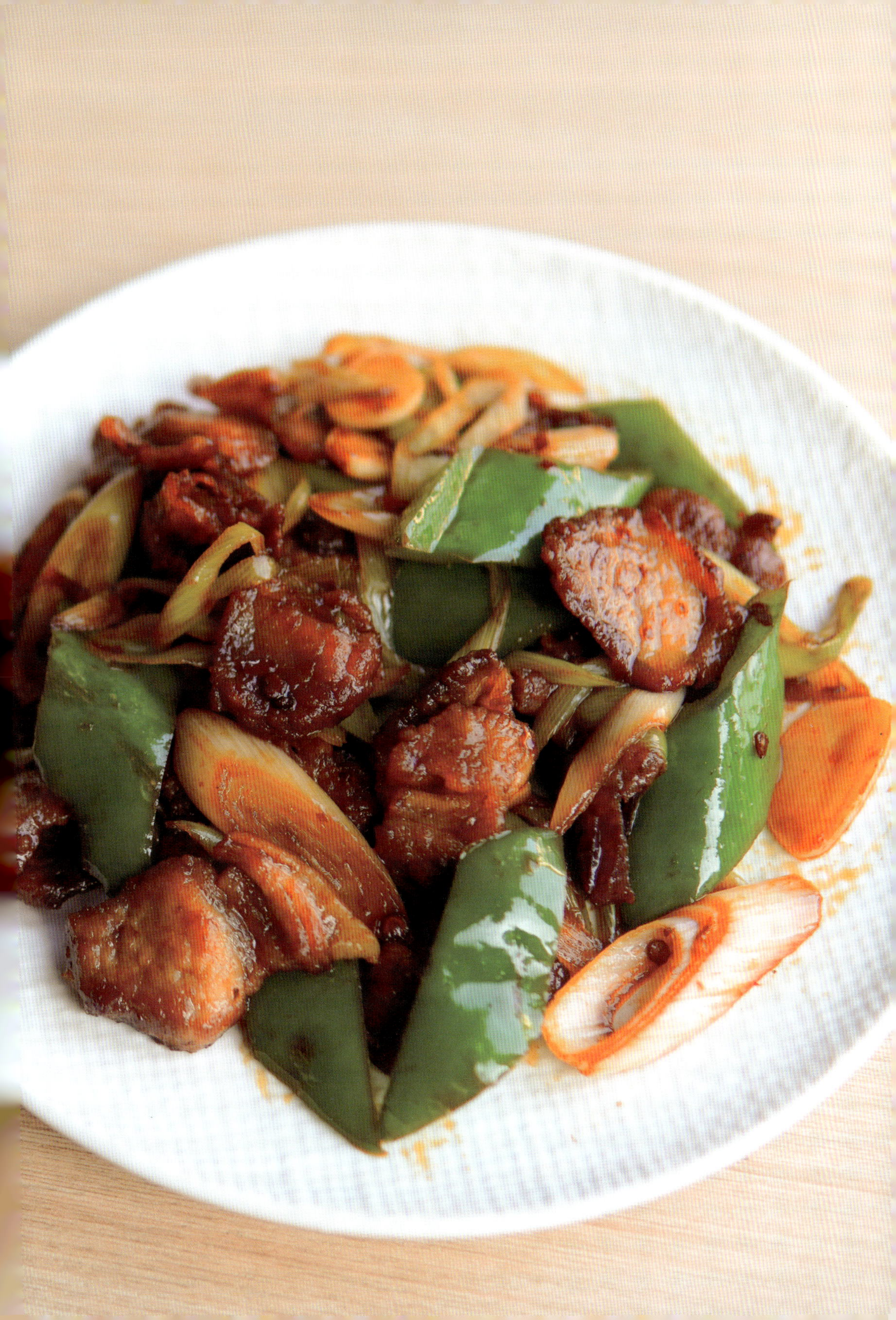

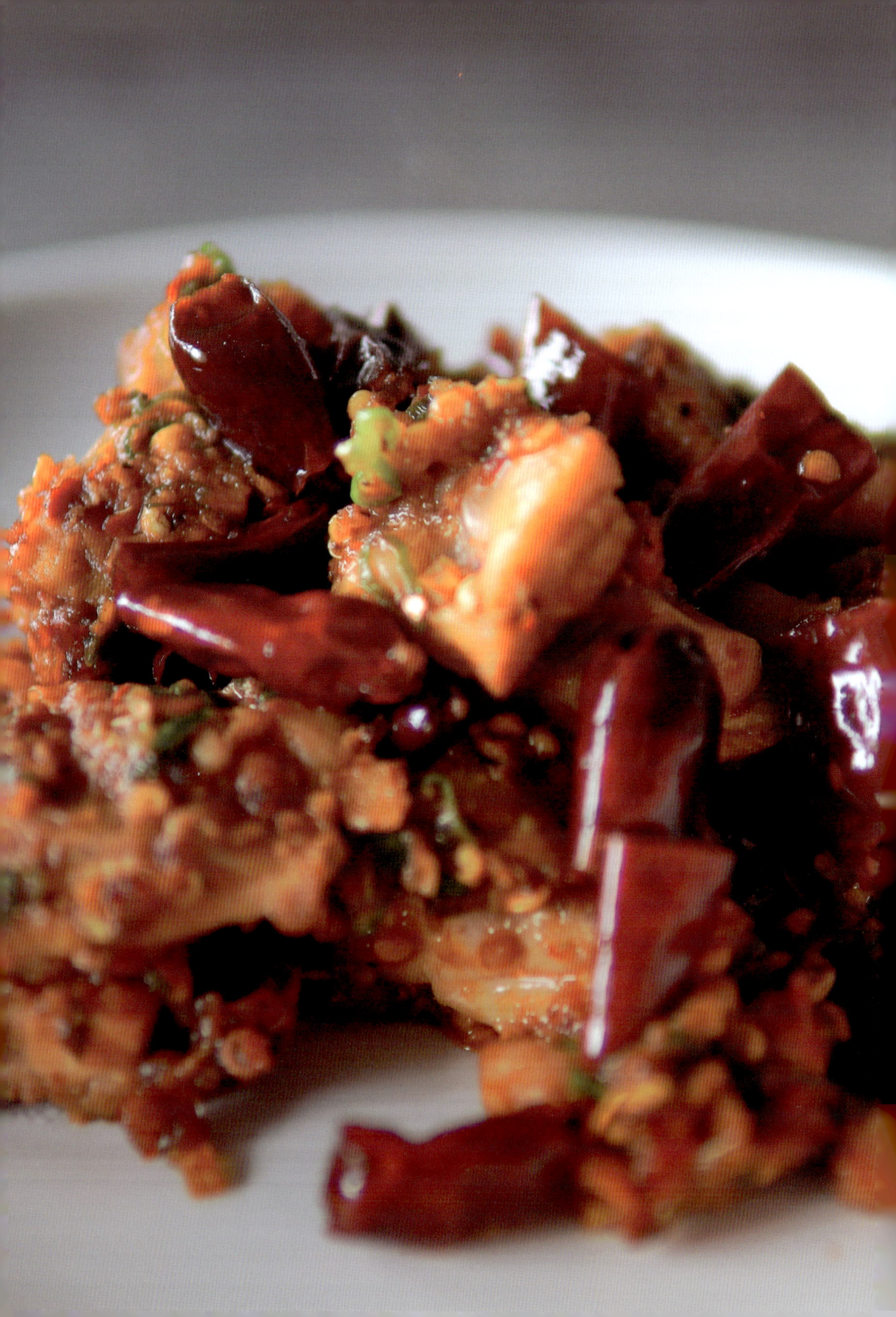

Recipe 12 香辣乾鍋雞

來自川菜的概念靈感，以其濃郁的香氣和麻辣鮮香組成。濃稠的醬料和香料包裹在食材表面，但我們在家用簡單的方法來做出，雖然菜名是香辣乾鍋雞，但其實辣度是可以依照口味調整的，重點是淡淡的辣度帶出的香氣才是最迷人的地方。

材料
- 去骨雞腿肉：2 支
- 蒜末：3 瓣
- 乾辣椒：5 條
- 花椒：1 大匙
- 花生粒：1 大匙
- 辣豆瓣醬：2 小匙
- 醬油：1 大匙
- 蠔油：2 大匙
- 白醋：1 小匙
- 糖：1 大匙
- 白胡椒粉：適量
- 熟白芝麻：適量
- 蔥花：適量
- 米酒：1 大匙

作法
1. 將花椒與花生粒先磨碎備用。
2. 將雞腿肉以皮面向下入鍋煎至金黃後撈出切塊備用。
3. 鍋內留少許底油，加入蒜末及乾辣椒爆香。
4. 加入辣豆瓣醬炒出紅油，再下入煎好的雞腿。
5. 下入米酒、蠔油、醬油、糖翻炒均勻讓雞腿入味，最後將白醋澆淋鍋邊炒出香氣。
6. 起鍋前加入磨碎的花椒、花生、白胡椒粉、熟白芝麻和蔥花一同拌炒均勻就完成嘍。

TIPS
1. 可用少許油煸炒花椒粒後取出來替代磨碎花椒。
2. 即便沒有磨缽也可以直接壓碎花生即可。

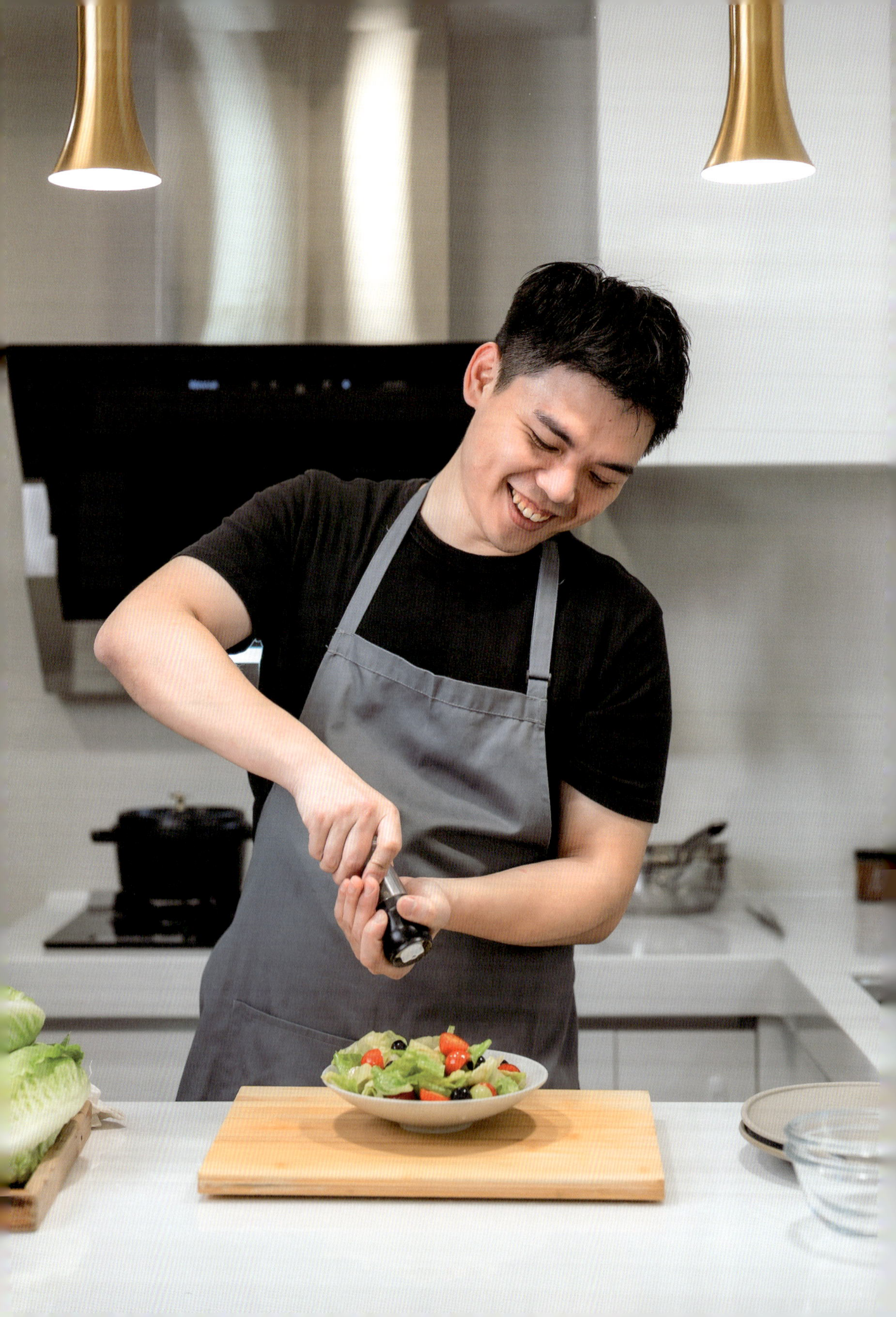

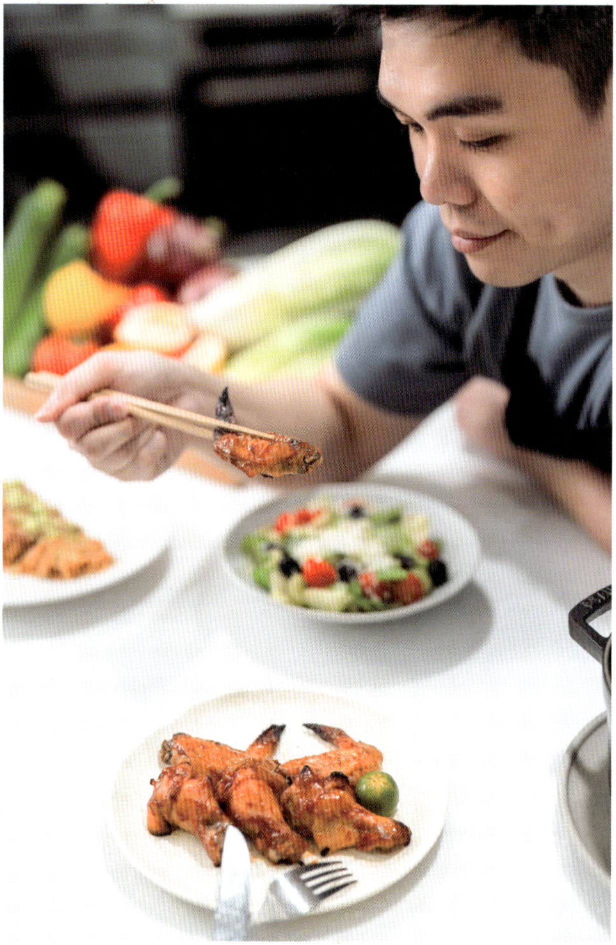

CHAPTER 3

今天不開火
免爆汗神料理

在炎熱的夏季或是工作繁忙的日子,想到做菜就發懶絕對是情有可原的。這些時候,最希望的是能夠輕鬆準備美味的餐點,減少烹飪過程和長時間站在火爐旁的燥熱及疲憊。

現在我們可以依靠一些常見的家電,例如烤箱、微波爐或電鍋,透過簡單的操作便能料理出美食。最重要的是,這些料理能讓你毫不費力地完成,做出意想不到的精緻料理。大大提升你往廚房走去的動力了!

01. 柚香醃白蘿蔔
02. 涼拌秋葵鮪魚
03. 香料脆薯角
04. 義大利漬菜
05. 豆豉虱目魚肚
06. 檸檬紙包魚
07. 焦糖味噌豬梅花
08. 親子鮭魚炊飯
09. 楓糖烤南瓜
10. 樹子蒸小排
11. 瓜瓜滑雞
12. 麻藥雞腳

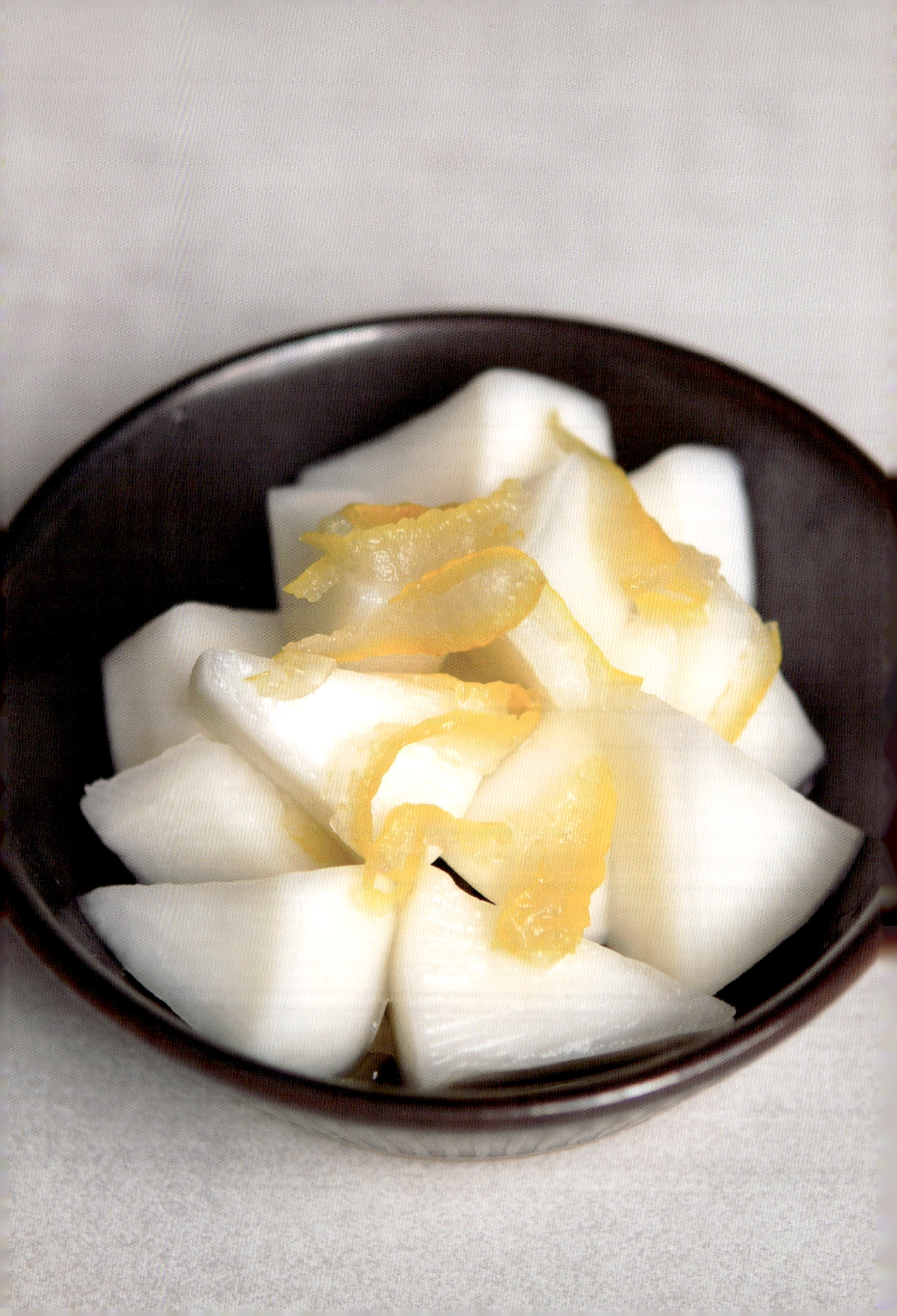

Recipe 01 柚香醃白蘿蔔

融合了柚子清香與蘿蔔脆嫩口感的醃菜。將柚子皮與用於醃製白蘿蔔，為傳統醃蘿蔔增添了獨特的香氣和層次感。這道菜以酸甜平衡為特色，帶來清新爽口的口感，特別開胃，是餐桌上的亮眼小菜。

材料
- 白蘿蔔：500g
- 糖：4 大匙（殺菁用）
- 糖：5 大匙
- 白醋：3 大匙
- 鹽：1 小匙
- 柚子皮：適量
- 飲用水：150ml

作法
1. 白蘿蔔洗淨去皮後，切成塊狀備用。
2. 放入大碗中，撒上糖，輕輕揉搓均勻，靜置 4 小時讓白蘿蔔出水。
3. 白蘿蔔瀝乾水分並擦乾，再放入鹽、糖、飲用水和白醋以及柚子皮攪拌均勻。
4. 將白蘿蔔放入密封容器中，放入冰箱冷藏兩天以上，充分入味。
5. 醃好後可以直接食用，享受柚香與白蘿蔔的清爽口感！

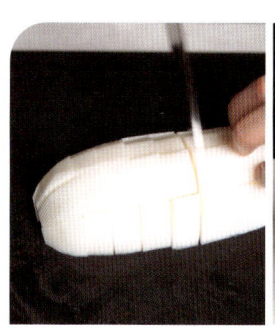

TIPS
1. 冬季的本地白蘿蔔更適合這道料理。若柚子皮不易購得，改用話梅做成梅子口味也是很適合的。
2. 作法 2 用糖殺菁的優點是，糖的滲透壓比鹽低，脫水過程相較溫和，更能保持蘿蔔口感的爽脆。

今天不開火 免爆汗神料理

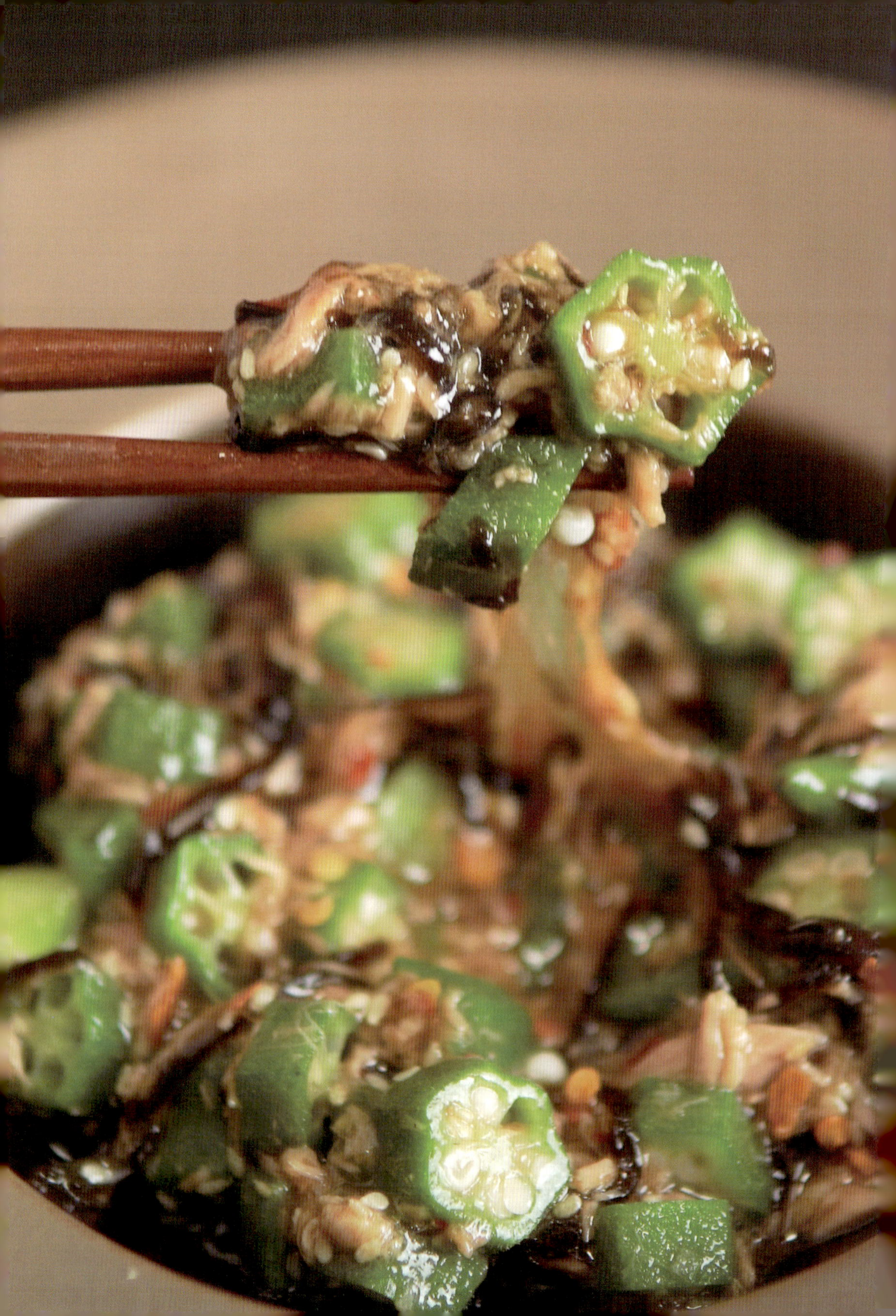

涼拌秋葵鮪魚

清爽又營養的涼拌菜，將秋葵的脆嫩和鮪魚的鮮美結合，搭配簡單的調味，成為一道既健康又開胃的料理。既有秋葵的滑嫩，也有鮪魚的香氣，吃起來既清爽又有飽足感，特別適合作為夏季的開胃菜。

材料
- 秋葵：10 根
- 鮪魚罐頭：1/2 罐
- 蒜末：1 瓣
- 乾辣椒：1 小匙
- 鹽昆布：1 大匙
- 麻油：1 小匙
- 白芝麻：適量

作法
1. 秋葵洗淨後切成小段，放入碗中加水微波兩分鐘，取出後放入冰水中冷卻，保持口感脆嫩。
2. 將秋葵瀝乾水分備用。
3. 在大碗中，放入秋葵和瀝過油後的鮪魚。
4. 加入蒜末、乾辣椒、鹽昆布、麻油，充分攪拌均勻。
5. 最後撒上白芝麻裝飾，即可上桌。

TIPS
1. 秋葵要經過攪拌釋放出黏液，讓整體口感更為滑順。
2. 若鹽昆布不好購得也可以用市售的海苔香鬆替代。

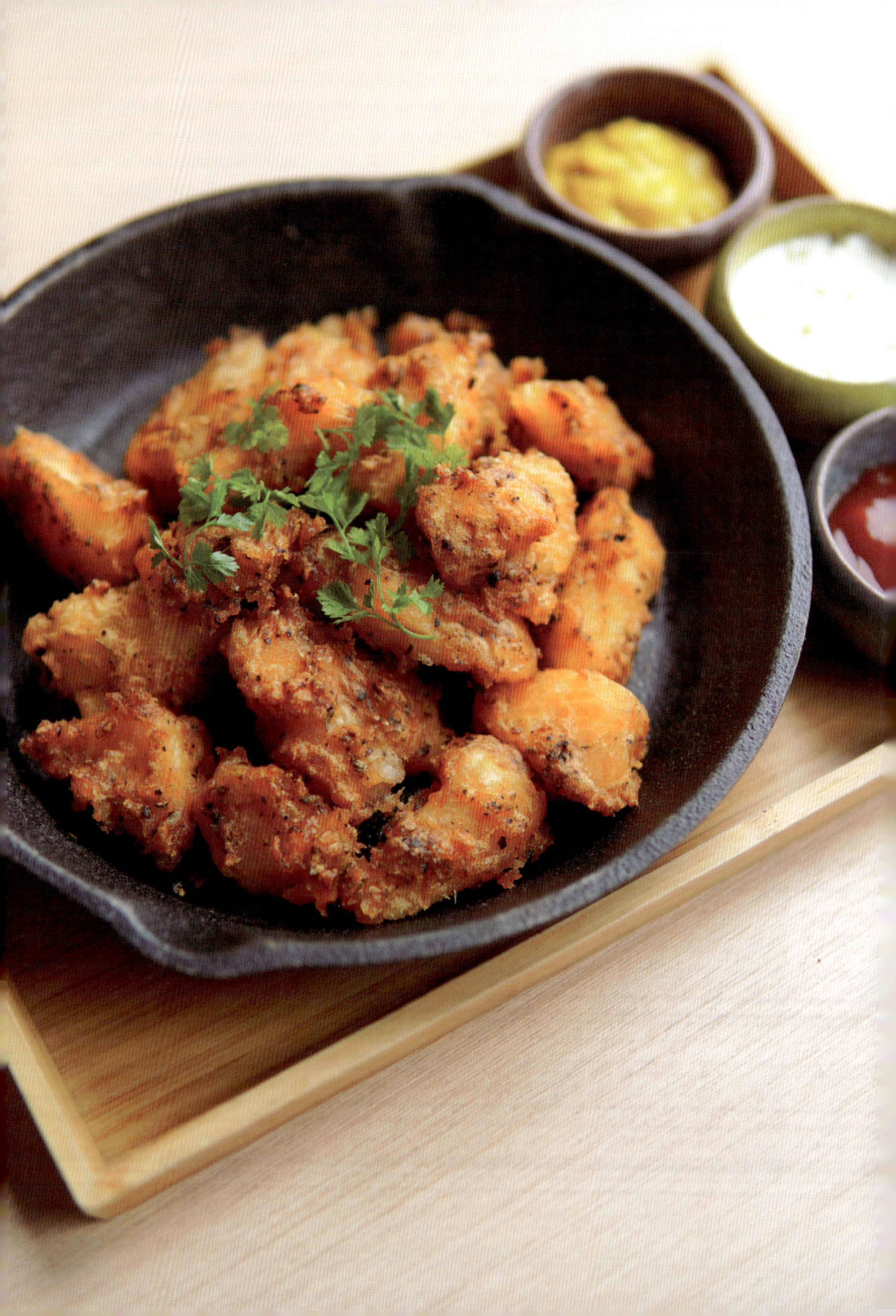

香料脆薯角

Recipe 03

一個非常理想替代油炸薯條的選擇，既能保留薯條的酥脆口感，又能避免油炸所帶來的過多油脂。傳統的油炸薯條需要大量油脂來達到酥脆的效果，而香料烤脆薯則透過烤箱加熱，不僅能達到同樣的酥脆效果，還能有效減少油的使用。重點是這樣的方式不僅省去了油炸的麻煩，清理起來也更加方便。

材料
馬鈴薯：2顆
橄欖油：2小匙
蒜末：1瓣
紅椒粉：1小匙
義大利香料粉：1大匙
黑胡椒粉：適量
鹽：1小匙

作法
1. 馬鈴薯洗乾淨，去皮切成楔形薯角，每顆馬鈴薯大約切成12片。
2. 把切好的馬鈴薯先汆燙過一次，取出後備用。
3. 把燙好的馬鈴薯放到任何一個有蓋子的容器，加入蒜末、紅椒粉、義大利香料粉、鹽、黑胡椒粉、橄欖油並蓋上蓋子。
4. 充分地搖晃容器，一邊把調味搖晃均勻，一邊讓馬鈴薯周圍都糊化。
5. 預熱烤箱至攝氏200度，將楔形馬鈴薯排放在烤盤上，最好用鋪上烘焙紙的烤盤，避免粘黏。
6. 將馬鈴薯放入預熱的烤箱中，以攝氏200度烤20分鐘，期間可翻動一次，直到表面金黃酥脆。
7. 烤好後取出，稍微冷卻後可裝盤享用，搭配喜歡的蘸醬（如番茄醬、黃芥末等）。

TIPS
1. 充分搖晃到馬鈴薯邊緣糊化就是酥脆的關鍵。
2. 香料粉可以依照個人喜好添加。

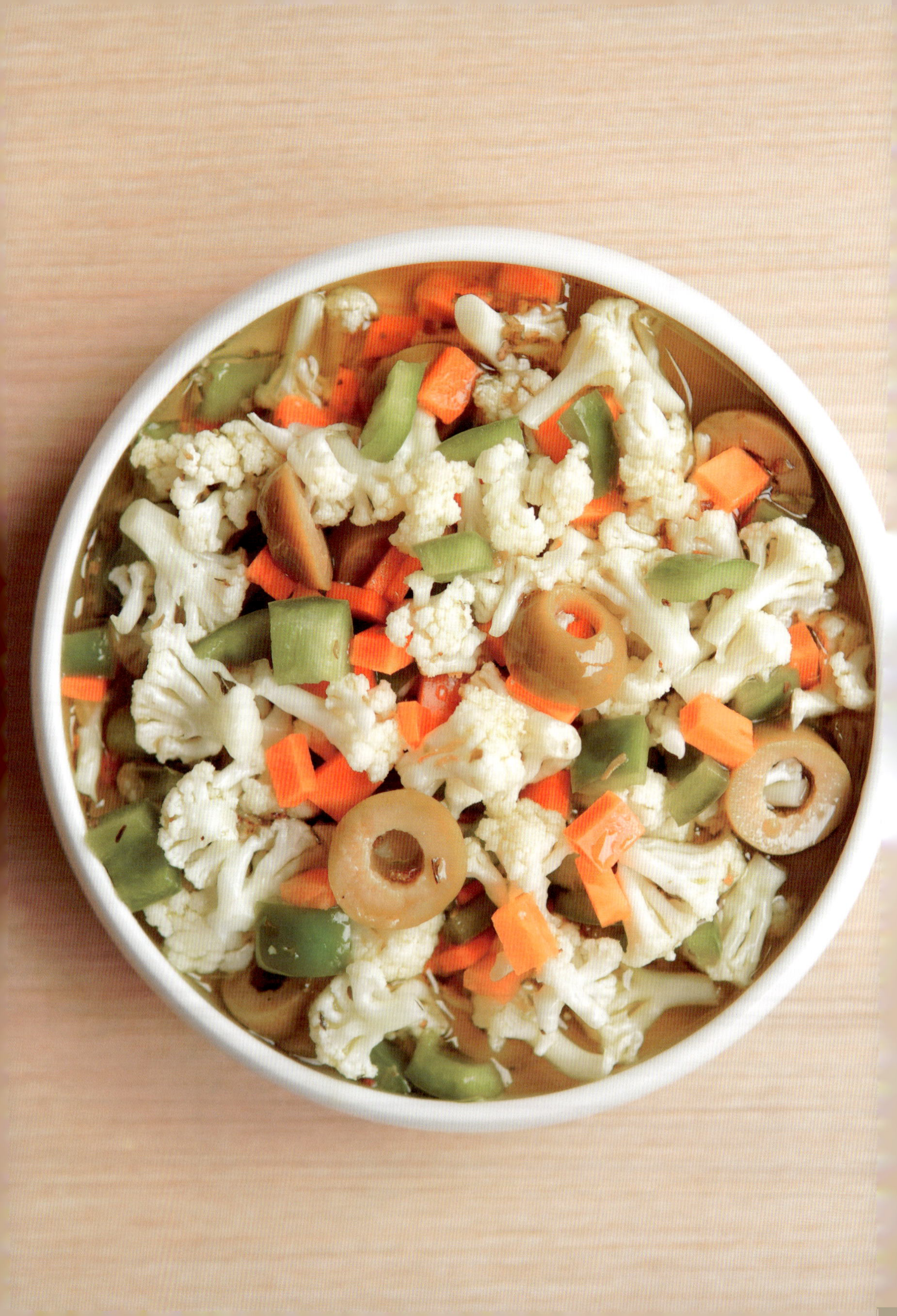

Recipe 04 義大利漬菜

這是一道源自義大利的經典開胃小菜，常見於義式餐桌上作為佐餐配菜或冷盤拼盤的一部分。這道菜不僅可以為正餐增添風味，還能作為輕食和開胃菜的一部分。義大利漬菜因其清新的酸味和香草氣息，能有效平衡油脂感，是提味解膩的理想選擇。

材料

3% 鹽水：1000ml
紅蘿蔔：1/2 條
洋蔥：1/2 顆
墨西哥辣椒：5 條
白花椰菜：1/4 顆
蒜頭：3 瓣
綠橄欖：6 顆
白醋：300ml
橄欖油：300ml
奧勒岡：1 小匙
乾辣椒片：1 小匙
黑胡椒：1 小匙

作法

1. 將紅蘿蔔、洋蔥、墨西哥辣椒和白花椰菜切成適口大小，蒜頭拍碎備用。
2. 將所有切好的蔬菜放入 3% 鹽水中，醃漬隔夜備用。
3. 隔日取出蔬菜瀝乾備用。
4. 將白醋、橄欖油、奧勒岡、乾辣椒片和黑胡椒混合，調成醃漬液。
5. 把瀝乾的蔬菜與綠橄欖放入密封罐中，倒入醃漬液，確保醃漬液完全覆蓋蔬菜。
6. 將密封罐存放在冰箱冷藏至少 1 天，使風味充分滲透，風味最佳為醃漬 3 天後即可上桌享用。

TIPS

1. 3% 鹽水比率計算方式：每 1000ml 水加 30g 鹽計算即可。
2. 若買不到新鮮的墨西哥辣椒也可以用青椒替代。

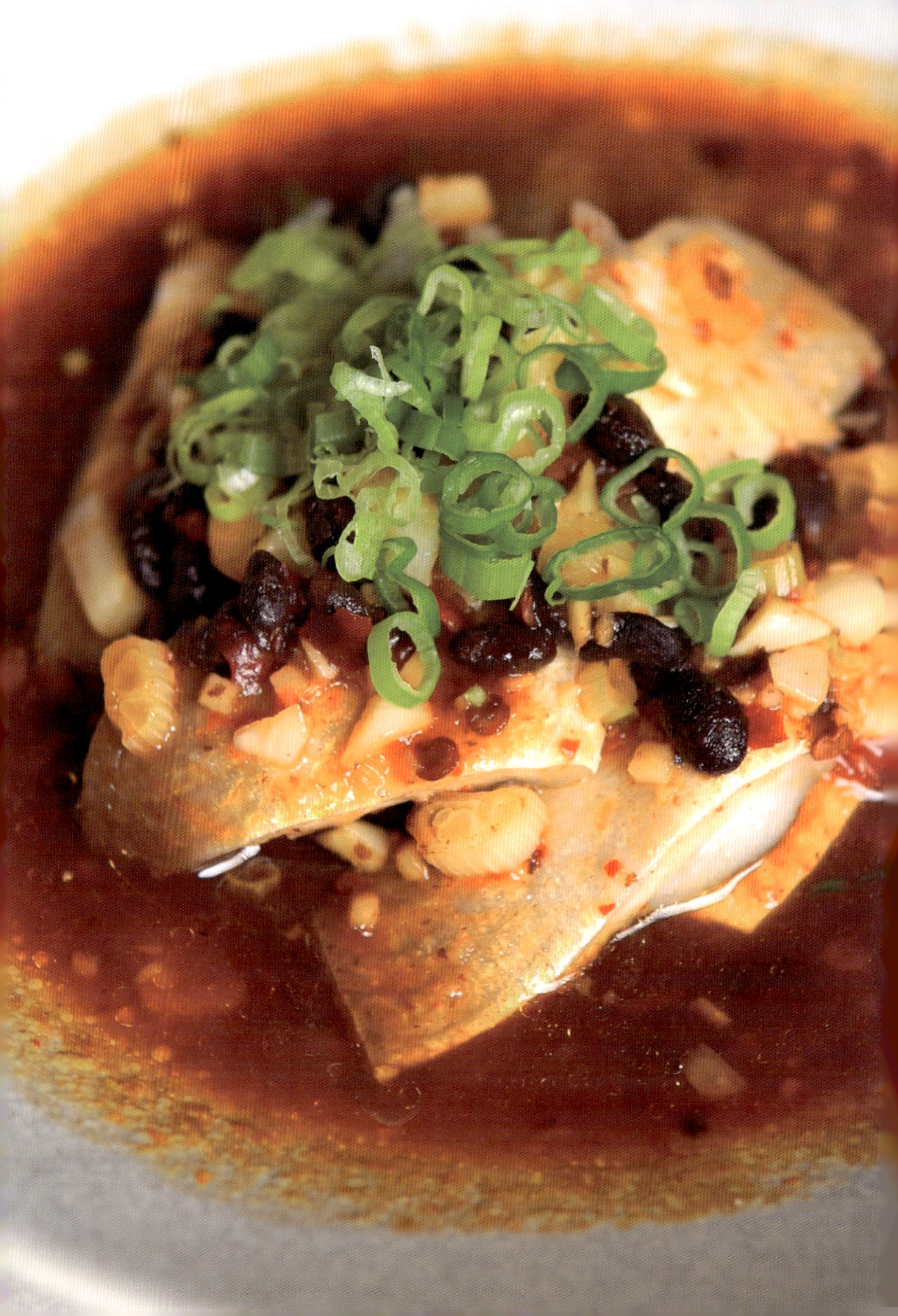

豆豉虱目魚肚

豆豉虱目魚肚是一道充滿台灣地方特色的經典料理，結合了豆豉的鹹香味與虱目魚肚的細膩口感，每次經過小吃店，光是在店門口聞到撲鼻而來的香氣就受不了，傳統的做法會用小火慢滷，但是在家裡製作其實可以有更簡單輕鬆的做法，一樣可以重現出這道經典老味道。

材料
虱目魚肚：2 片
豆豉：2 小匙
蒜頭：2 瓣
薑末：2 片
青蔥：1 根

調味料
米酒：2 小匙
蠔油：2 大匙
味醂：1 大匙
香油：適量

作法
1. 虱目魚肚洗淨，用廚紙擦乾，切成小塊狀備用。
2. 蒜頭切末，薑切末，青蔥切末備用。
3. 把虱目魚肚塊加入所有蒜末、薑末、豆豉以及所有調味料攪拌均勻。
4. 放入深盤內送入電鍋蒸 15 分鐘。
5. 起鍋後撒上蔥花，稍微翻動後即可盛盤，趁熱享用。

TIPS
1. 蒸的過程中盤子不用再另外加蓋，過程中的水氣剛好可以平衡整體湯汁。
2. 虱目魚肚可以用少許米酒事先浸泡去腥。

Recipe 06

檸檬紙包魚

利用檸檬的酸香和香草的清新，搭配鮮嫩的魚肉，包裹在紙包中一起烤製，保留了魚的鮮美和香氣，味道清新不油膩，這樣的包裹方式能夠讓食材在烹調過程中保留水分，讓魚肉更加嫩滑，同時檸檬的酸香與香草的氣味完全滲透進魚肉中，使得每一口都充滿清新香氣。

材料

鱸魚片：1 片
檸檬：1/2 顆
蒜頭：2 瓣
洋蔥：1/4 顆
櫛瓜：1/2 條
小番茄：8 顆
醃橄欖：8 顆
迷迭香：1 支
橄欖油：2 大匙
白酒：2 大匙
鹽：適量
黑胡椒：適量
義大利香料：適量
烘焙紙：2 張
紅椒粉：1 小匙

作法

1. 檸檬切片，蒜頭切片，洋蔥切絲備用。
2. 鱸魚片洗淨後，用廚房紙巾擦乾，兩面均勻撒上鹽、黑胡椒、紅椒粉以及義大利香料。
3. 烘焙紙剪成適當大小，先放入洋蔥絲和蒜片打底再放上魚排，擺上檸檬片、小番茄、櫛瓜、醃橄欖，並放一支迷迭香在魚排上，最後淋上橄欖油和白酒。
4. 將烘焙紙包裹緊密，捲起兩側封口，確保湯汁不會滲出。
5. 預熱烤箱至攝氏 200 度，將包好的魚排放在烤盤上，烤約 12～15 分鐘，依魚排厚度調整時間。
6. 烤好後小心打開紙包，將魚排連同湯汁裝盤，搭配喜愛的配菜享用。

TIPS

1. 選用處理好的魚片或是整尾鮮魚都可以製作。
2. 白酒可以等到包裹完成後，開一個小孔倒入再重新封口，整體會比較好操作。

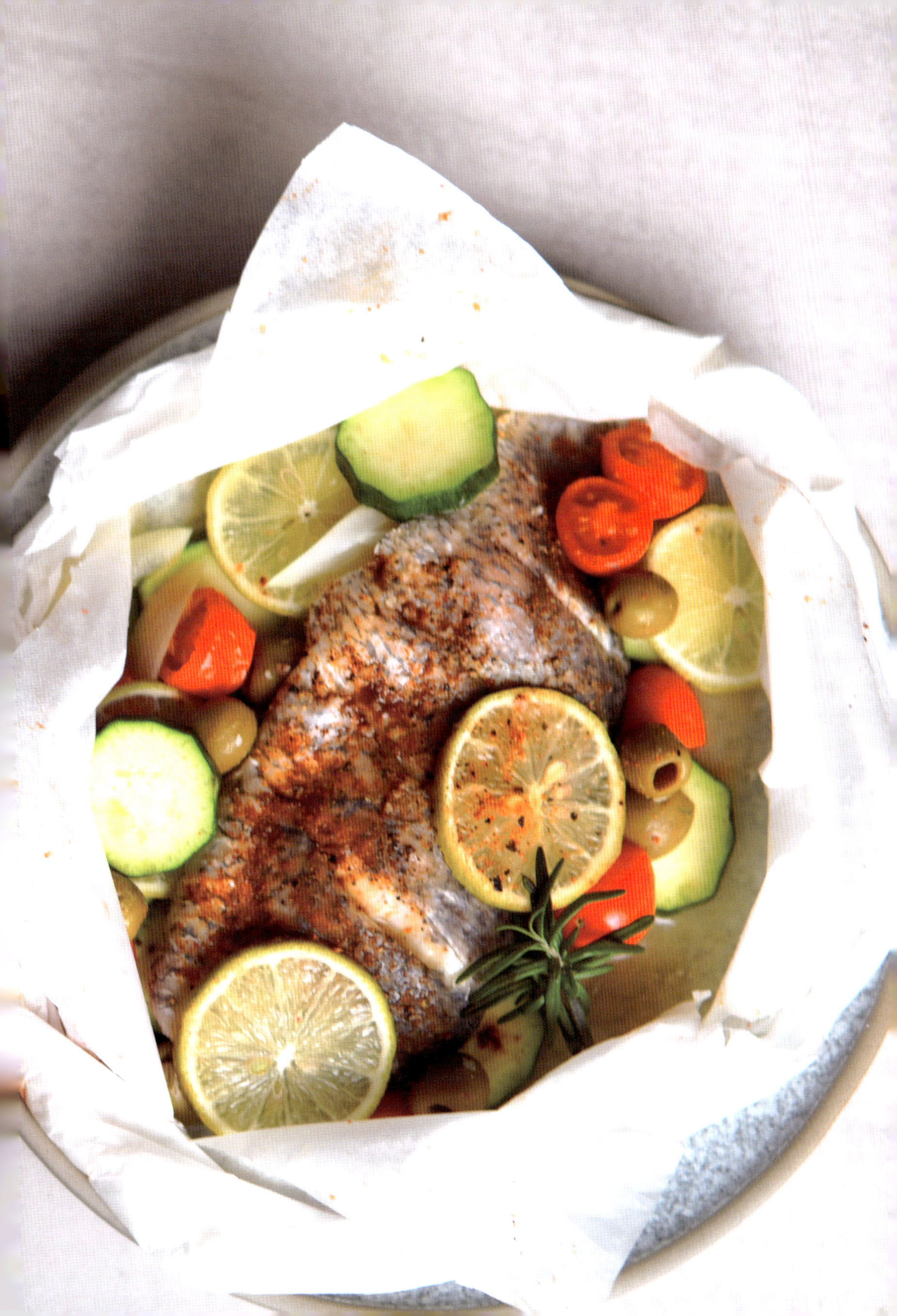

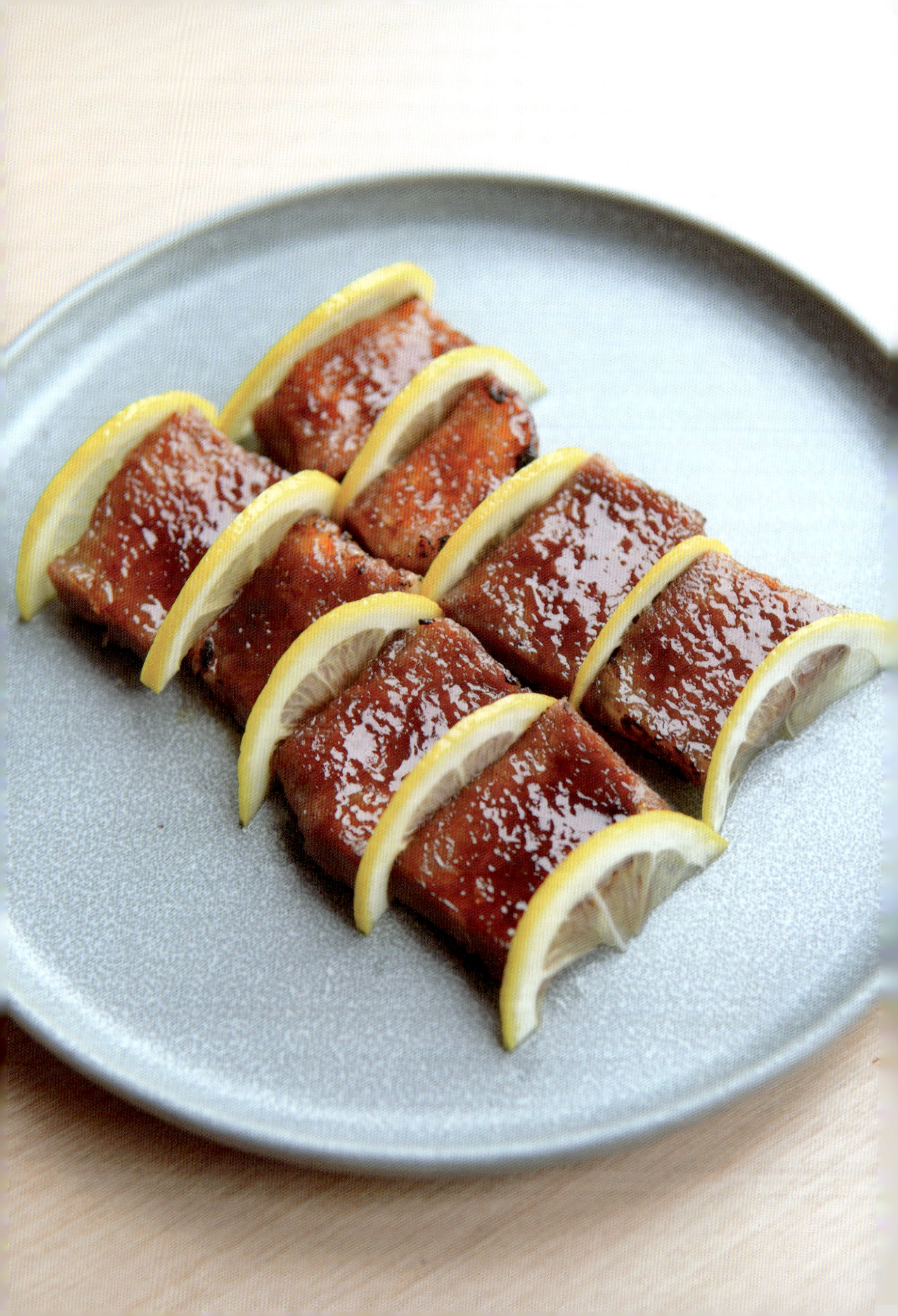

焦糖味噌豬梅花

Recipe 07

製作十分簡單的一道料理，只需要交給時間的魔法，靜靜的等待兩天，就能獲得的超級美味。肉質鮮嫩多汁，且擁有豐富的油香，與味噌這一經典的日本調味料相互結合，形成了鹹香可口的美味。最後再加上焦糖的加持，不管是下飯下酒都超級適合！

材料

豬梅花肉：200g
味噌：3大匙
米酒：5大匙
醬油：1小匙
糖：3大匙
糖：1大匙（炙燒用）

作法

1. 豬梅花肉切成約1公分厚的片狀。
2. 將味噌、米酒、醬油、糖混合成醬汁。
3. 取一容器將豬梅花片放入，並在兩面充分均勻地抹上味噌醬汁。
4. 放置冰箱冷藏醃漬至少兩天。
5. 取出後洗去表面的味噌並排入烤盤。
6. 送入烤箱，以攝氏180度雙面各烤10分鐘。
7. 出爐後撒上砂糖，再以噴槍炙燒就完成嘍。

TIPS

1. 放入烤箱時底部以烤網架高，可以烤出更漂亮的顏色。
2. 也可以使用氣炸鍋來加熱，但不需要另外噴油。

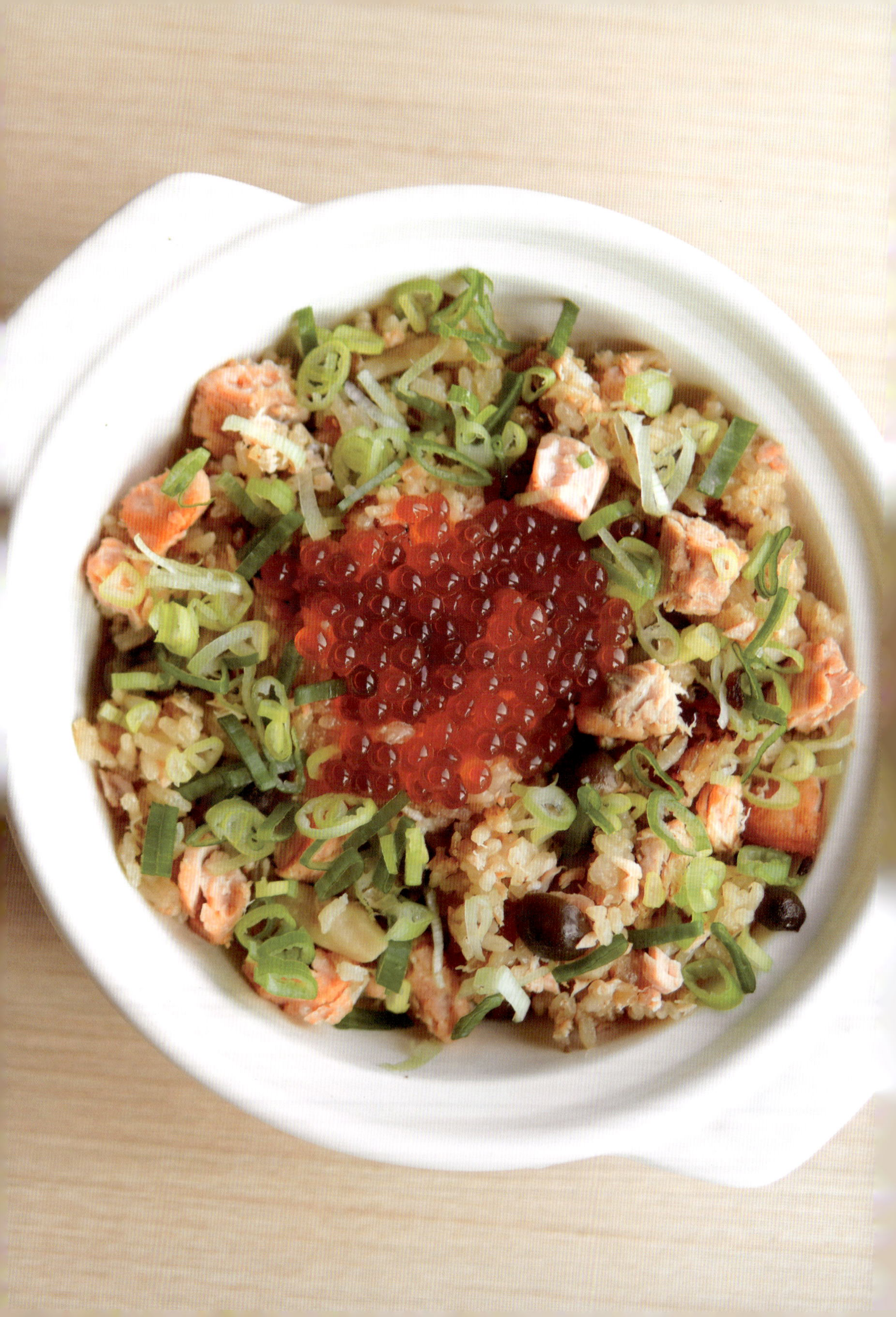

Recipe 08 親子鮭魚炊飯

後來才了解親子丼上親子的意思，雖然感覺有點邪惡，但真的太美味了啊！鮭魚的鮮美滋味滲透到每一粒米中，簡單卻風味十足。這不僅是一道美味的料理，也是一道營養豐富、易於準備的家庭料理。非常適合家庭聚餐或忙碌日常的料理，因為它不僅簡單易做，還能夠在短時間內做出一道營養豐富又美味的主食。

材料

- 白米：2 杯
- 鮭魚：150g
- 鮭魚卵：適量
- 鴻禧菇：1 株
- 柴魚高湯：2 杯
- 醬油：2 大匙
- 味醂：1 大匙
- 青蔥：1 根

作法

1. 白米洗淨後浸泡 30 分鐘，放入冷藏瀝乾備用。
2. 將鮭魚和鴻禧菇切成小塊，送入烤箱以攝氏 180 度烤 6 分鐘。
3. 將柴魚高湯和醬油、味醂攪拌均勻。
4. 鍋中放入白米，加入調和好的柴魚高湯。
5. 將烤好的鮭魚和鴻禧菇放在米上一同炊煮。
6. 蓋上鍋蓋，開啟電鍋炊煮模式，或用爐火小火慢煮，直到米飯熟透。
7. 起鍋後撒上鮭魚卵和切碎的青蔥裝飾，即可享用。

TIPS

1. 米飯炊熟後不要立刻打開蓋子，讓米飯在電鍋中靜置約 10～15 分鐘，這樣能讓米粒充分熟透維持較好的口感。
2. 用市售的醬油漬鮭魚卵就可以完成這道料理。

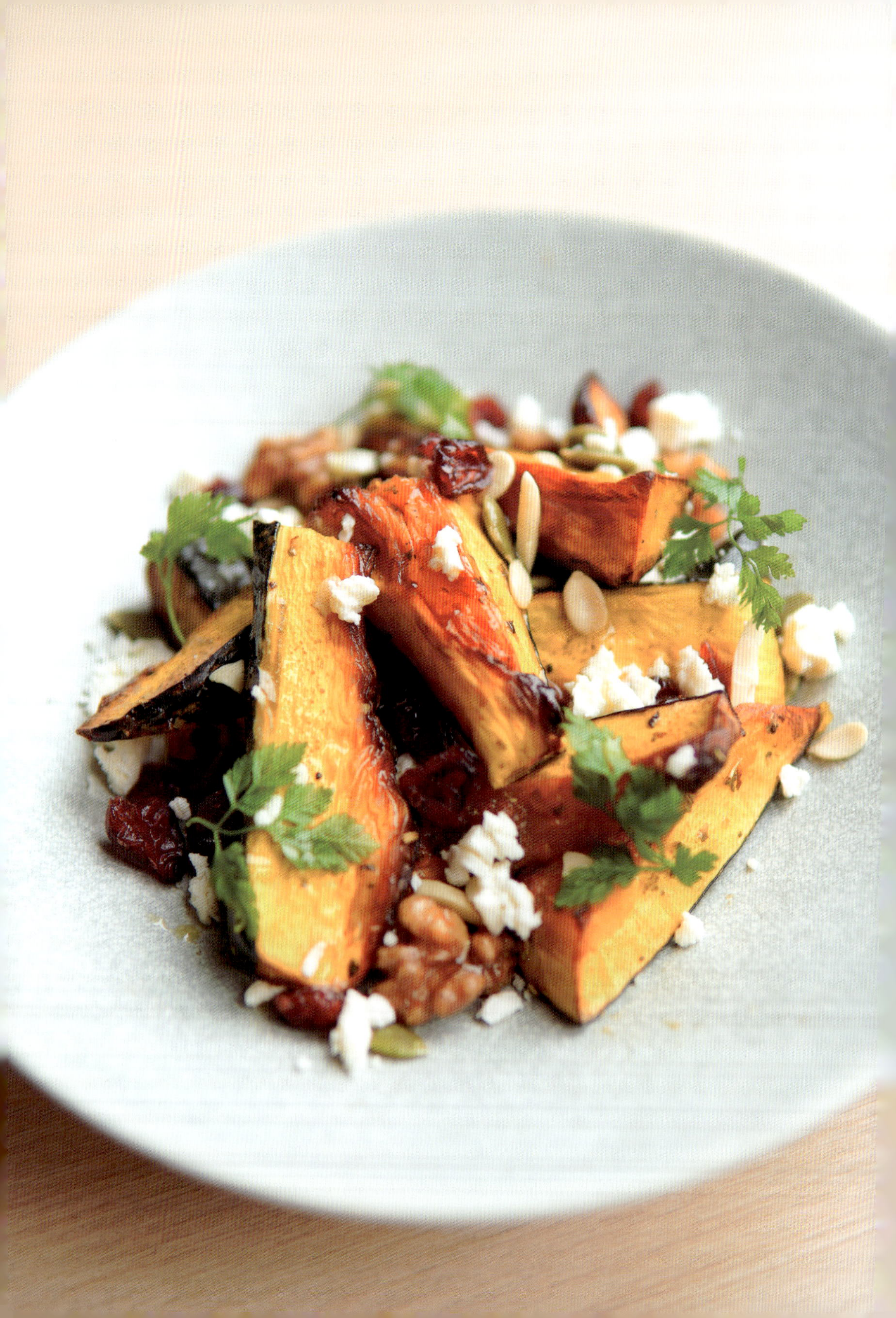

楓糖烤南瓜

Recipe 09

極具秋冬氛圍的美味料理，將南瓜的自然甜味與楓糖的香甜相結合，經過烤製後，南瓜的甜味更加濃郁，呈現出迷人的焦糖化效果。這道料理的魅力在於其簡單且富有層次的風味，南瓜本身的清甜與楓糖的香醇相得益彰，讓人一口接一口，口感柔軟、香甜，並且不過於甜膩，簡單又富有層次，重點是料理過程還非常輕鬆愜意。

材料
- 南瓜：1/2 顆
- 楓糖漿：2 大匙
- 橄欖油：1 大匙
- 肉桂粉：1/2 小匙
- 鹽：1 小匙
- 黑胡椒：1 小匙
- 堅果：適量
- 費達起司：適量
- 蔓越莓乾：適量

作法
1. 南瓜洗淨後去籽保留南瓜皮，切成約 1.5 公分厚的月牙片備用。
2. 將南瓜片放入大碗中，加入楓糖漿、橄欖油、肉桂粉、鹽和黑胡椒，拌勻讓每片南瓜均勻裹上調味料。
3. 預熱烤箱至攝氏 180 度，在烤盤上鋪烘焙紙，將南瓜片均勻排列，避免重疊。
4. 將烤盤放入烤箱，烤約 20～25 分鐘，中途翻面一次，直至南瓜表面微焦且內部柔軟。
5. 烤好後取出稍微放涼，撒上堅果、蔓越莓乾和費達起司即可享用。

TIPS
1. 若楓糖漿不易購得，也可以用蜂蜜來替代。
2. 南瓜不管是進口或是本地都可以嘗試這樣料理。

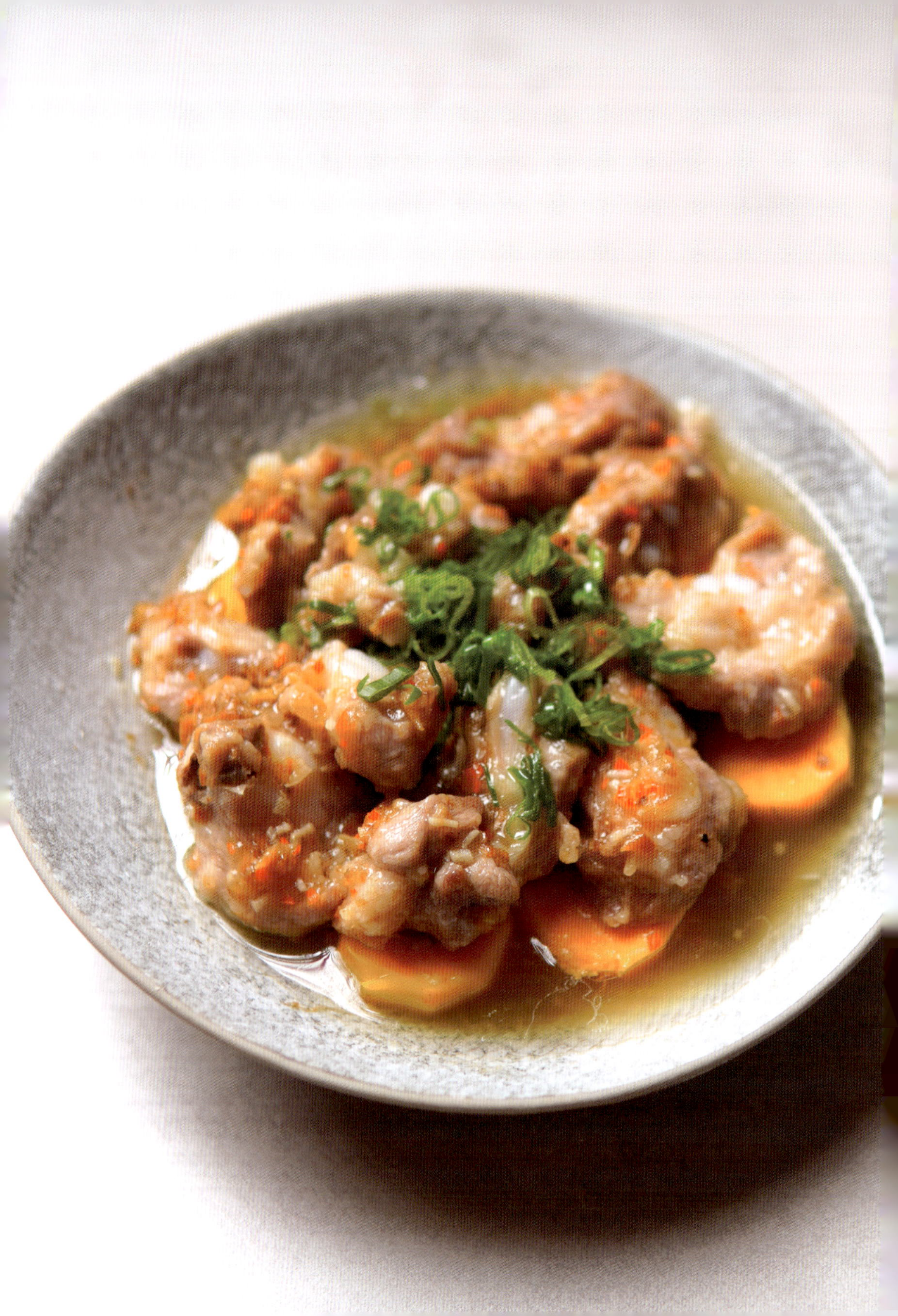

Recipe 10 樹子蒸小排

樹子的香氣與豬小排的鮮嫩，有點像經典的港式小點，味道獨特且富有層次。樹子具有去腥提鮮的功能，並能增添獨特的香味。這道菜將樹子與豬小排搭配，經過蒸煮過程，讓食材的鮮美和香氣完全滲透，製作出一道色香味俱全的佳肴。

材料

- 軟骨排：200g
- 地瓜：1 條
- 樹子罐頭 (含湯汁)：1/2 罐
- 蒜頭：3 瓣
- 薑：2 片
- 青蔥：1 根
- 醬油膏：1 小匙
- 米酒：1 大匙
- 糖：1 大匙
- 白胡椒粉：適量
- 太白粉：1 小匙
- 香油：適量

作法

1. 軟骨排洗淨後用冷水浸泡 30 分鐘，去除血水，瀝乾備用。
2. 地瓜削皮切厚片，蒜頭切末，薑切末，青蔥切細備用。
3. 樹子先瀝乾後，再將其去籽並切碎備用。
4. 在小排中加入樹子、蒜末、薑末、醬油膏、米酒、糖、白胡椒粉和太白粉，攪拌均勻。
5. 取一盤子，先排入地瓜，再將醃好的小排放在地瓜上連同醃汁也一併倒入。
6. 將盤子放入蒸鍋，送入電鍋蒸 30 分鐘至小排熟透且入味。
7. 取出後撒上蔥花，再澆淋少許加熱的香油就完成嘍。

TIPS

1. 排骨以流水或浸泡至無血色，可以大幅度降低腥味。
2. 耐心將樹子一一去籽，可以讓整道料理口感更好。

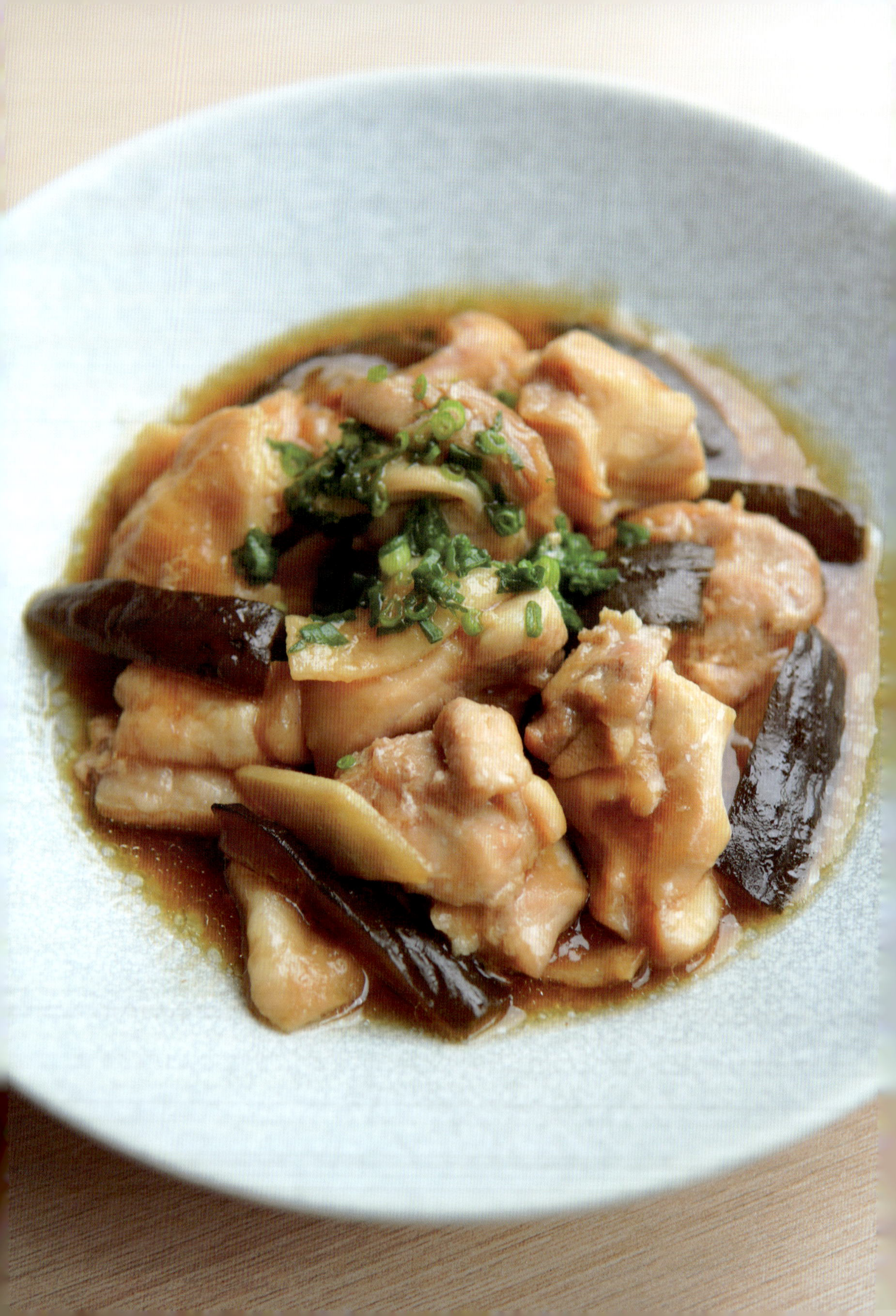

Recipe 11

瓜瓜滑雞

我幫這道菜取了一個特別可愛的名字,做法也是非常簡單。雞肉和醬瓜兩者相互搭配,既不油膩,又能保留食材的鮮美。不需要過多的複雜調味,主要靠食材本身的鮮味與簡單的醬料來提味,經過蒸煮後就是一道美味佳餚。

材料

去骨雞腿肉:2 支
醬瓜罐頭 (含湯汁):1/2 罐
薑:3 片
青蔥:1 根
米酒:2 大匙
蠔油:2 大匙
白胡椒粉:適量
糖:1 大匙
太白粉:1 小匙
香油:適量

作法

1 雞腿肉切成適口大小塊,薑切小片,青蔥切細備用。
2 將雞腿肉放入盤中,加入醬瓜連同湯汁、米酒、蠔油、白胡椒粉、糖和太白粉,抓拌均勻備用。
3 送入電鍋蒸 15 分鐘後取出。
4 取出後先攪拌均勻,在上方撒上蔥花,再澆淋少許加熱後的香油就完成嘍。

TIPS

1 也可以搭配一些香菇或是臘腸都很適合。
2 選用市面上的醬瓜類,蔭瓜或是黑瓜都很適合。

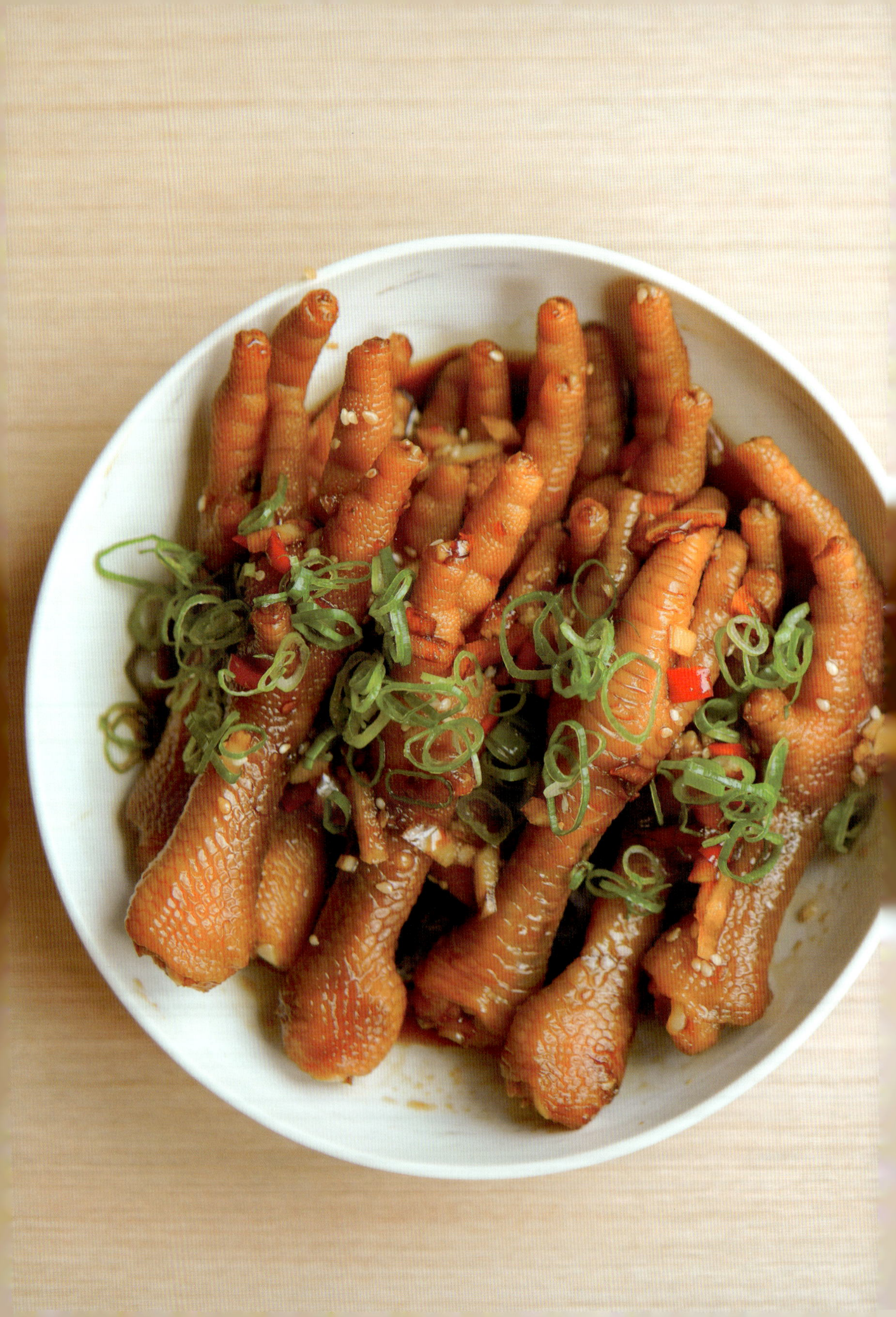

Recipe 12 麻藥雞腳

最近很流行的一道風味十足的創意料理,讓人一吃成主顧。有別於一般選用雞蛋來醃漬,這次改選擇雞腳為主要食材,搭配特製的醬汁,口感刺激且層次豐富,讓人一吃就停不下來!

材料

雞腳:10 支
鹽:適量
醬油:3 大匙
醬油膏:2 大匙
味醂:1 大匙
麻油:1 大匙
蒜末:2 瓣
洋蔥:1/2 顆
辣椒末:1/2 支
白芝麻:1 大匙
青蔥:1 根
開水:500ml

作法

1 將雞腳去除腳趾後撒上適量的鹽,送入電鍋蒸 30 分鐘。
2 在碗中混合醬油、醬油膏、開水、味醂、麻油、蒜末、洋蔥、白芝麻和辣椒末,攪拌均勻成醬汁。
3 將蒸好的雞腳連同蒸碗裡的雞湯放入醬汁中,拌勻後醃漬一碗,讓雞腳充分吸收風味。
4 盛盤後撒上切碎的青蔥即可享用。

TIPS

1 可以選用溫體雞腳,肉汁更多風味更甜美。
2 醃漬的時間至少要過夜才能充分吸收風味。

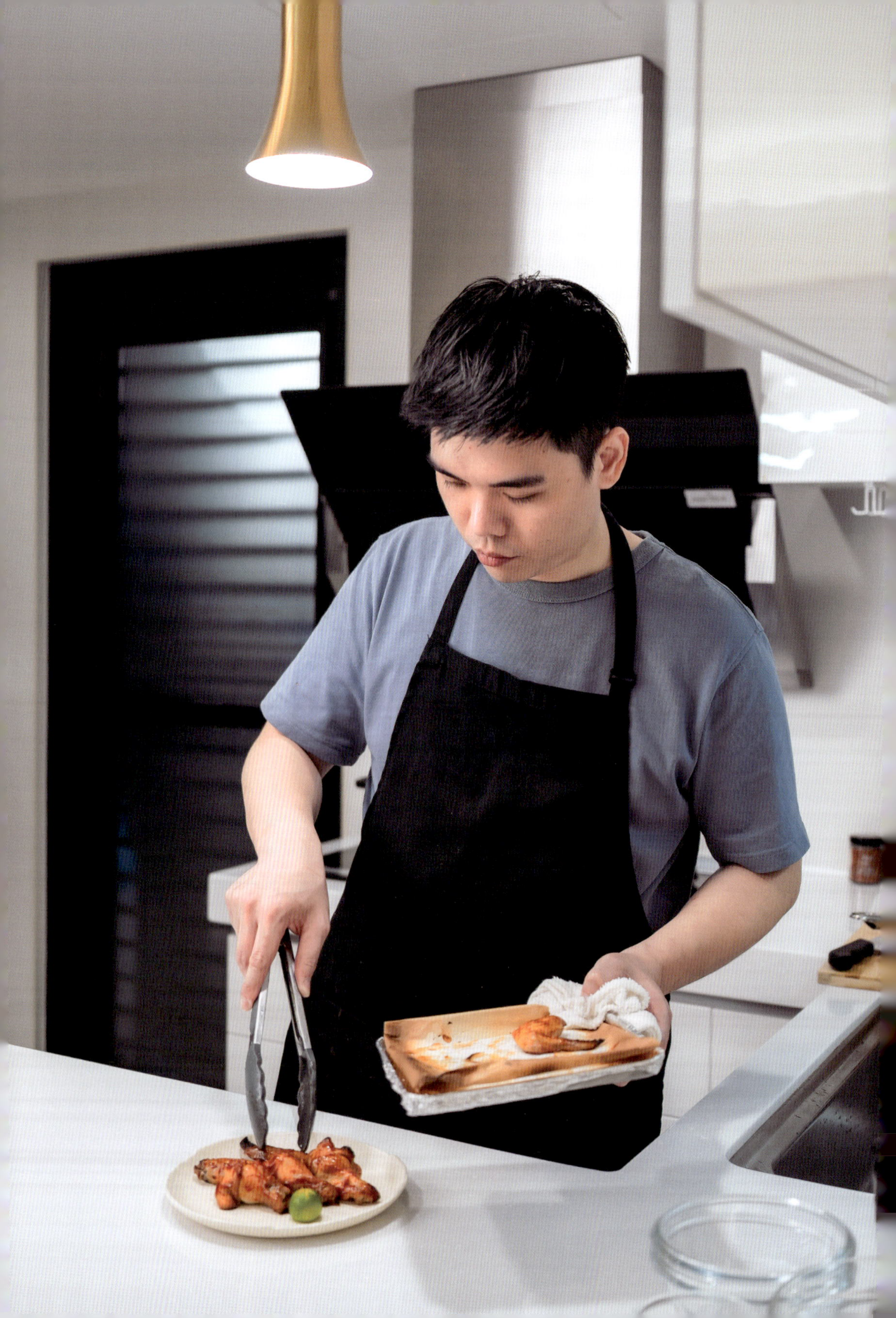

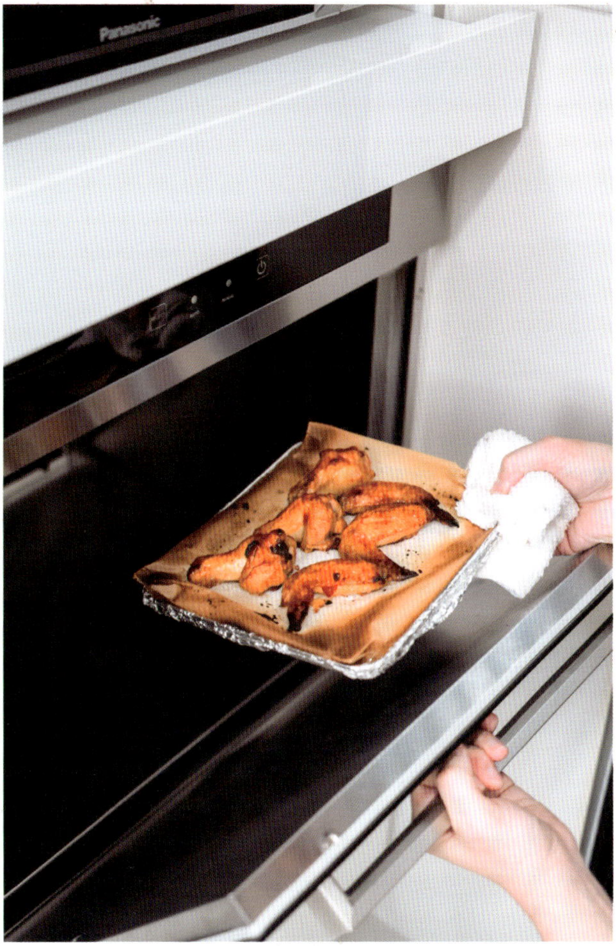
Panasonic

CHAPTER 4

小兵立大功
大眾食材
變身高級料理

這是我最喜歡的章節！在家做飯畢竟不像餐廳，我們手上的食材往往都是最平凡的，甚至有些還是上一餐料理的剩料對吧？

在這個章節，我將分享如何運用最常見、最容易取得的食材，結合一些特別的技巧與烹飪手法，透過改變烹飪方式、調味搭配與創意擺盤，就能展現出無限可能。讓你在家也能像專業大廚般，煮出令人驚豔的高級料理！

01. 洋蔥起司蛋燒
02. 冰花煎水餃
03. 韓式年糕甜不辣
04. 剝皮辣椒皮蛋豆腐
05. 紅茶米血糕
06. 瓢瓜味噌燒
07. 白酒奶油娃娃菜
08. 麻婆豆腐燉蛋
09. 泡麵大阪燒
10. 威靈頓臭豆腐
11. 香煎青花菜排佐白花菜泥
12. 荷包蛋開放三明治

Recipe 01

洋蔥起司蛋燒

這麼簡單的三樣材料，就能呈現出類似大阪燒或像是烘蛋般的料理，傳統烘蛋是很考驗火候的一道菜，成品厚厚蓬蓬的鬆軟感，上桌後總會讓人驚豔，現在只要用這個簡單的做法，你就會覺得突然間功力倍增，輕輕鬆鬆就可以做出這一道料理了！

材料

雞蛋：4顆
洋蔥：1顆
起司絲：2大匙
橄欖油：1大匙
低筋麵粉：1大匙
鹽：適量
黑胡椒粉：適量

作法

1 將洋蔥切成細絲備用。
2 在碗中打入雞蛋，加入洋蔥、麵粉、起司絲、鹽與黑胡椒粉攪拌均勻，形成蛋液。
3 將鍋加熱，倒入一層薄薄的橄欖油，再將蛋液倒入鍋中，並均勻鋪滿鍋底。
4 以小火煎至金黃後翻面，將兩面均勻上色。
5 取出後切成扇形，裝盤就完成嘍。

TIPS

1 用小型鍋具更適合做這道料理。
2 選用任何可融化的起司，或是披薩用的起司絲都可以。

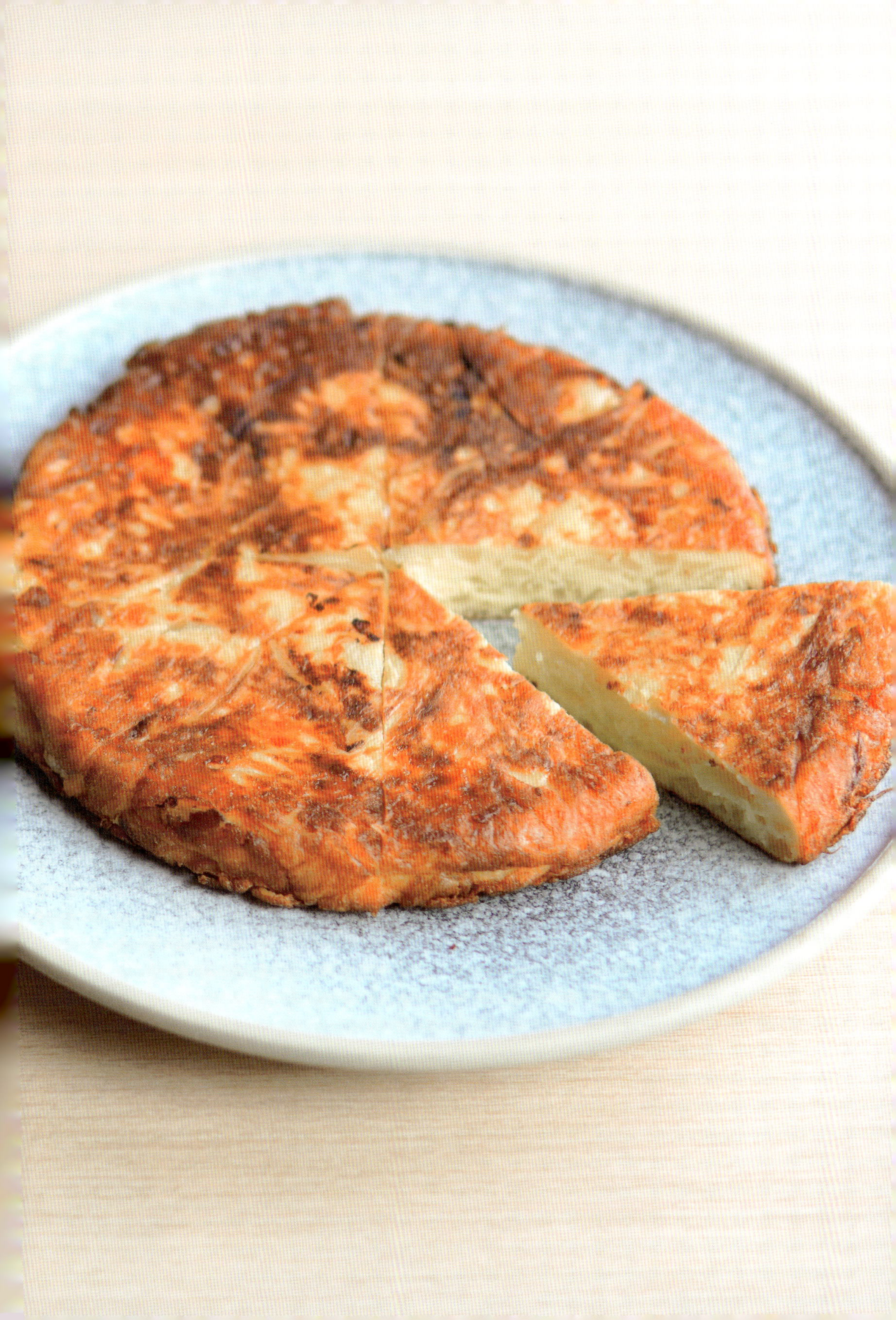

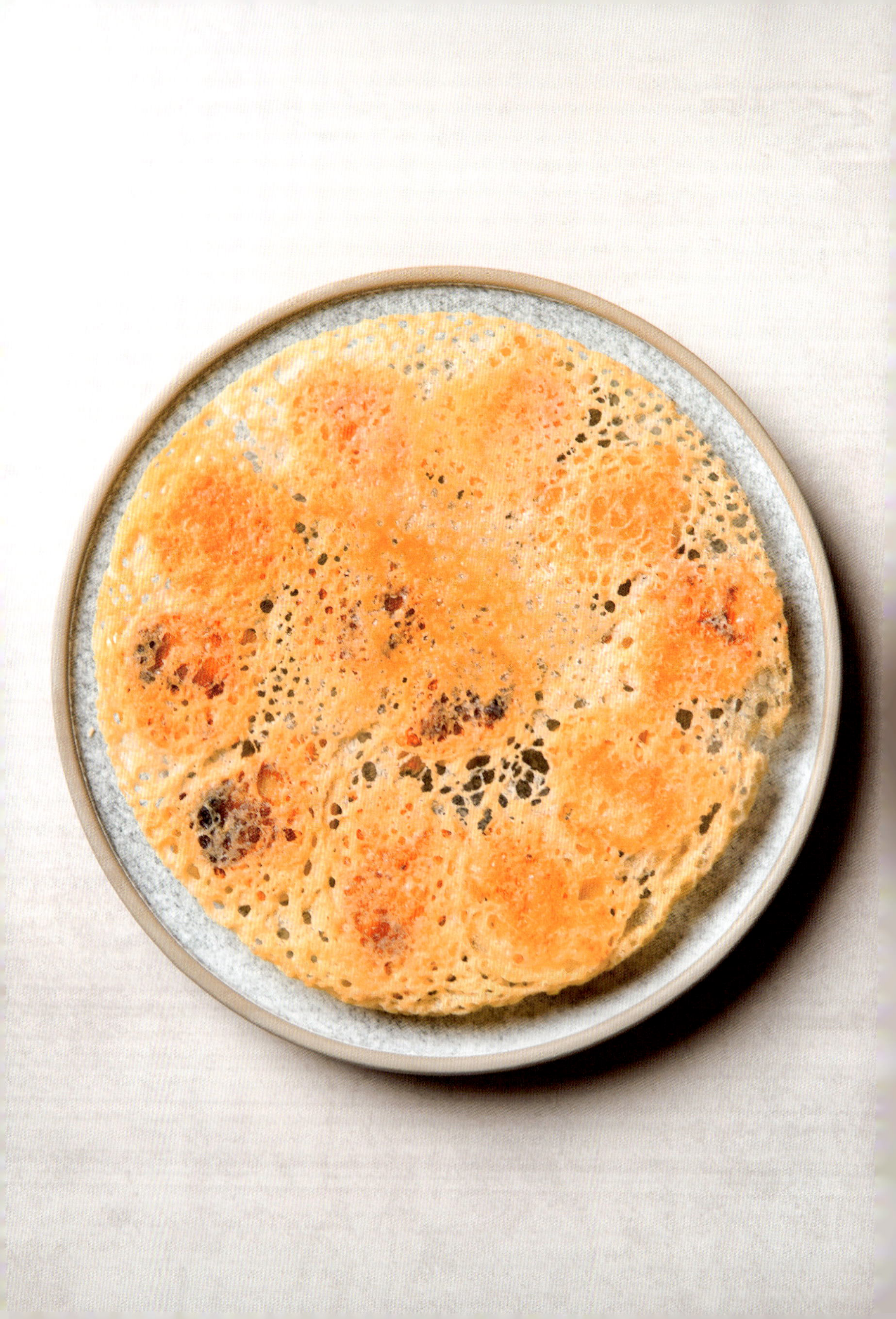

Recipe 02 冰花煎水餃

冰花煎餃一直是詢問度非常高的一道料理，現在就來將傳統煎餃升級為視覺與口感兼具的美食。特色在於餃子底部形成類似蕾絲狀的脆片，增添酥脆的口感與精緻的外觀，但若還要自己包餃子就太費工了，所以我們就用市售的水餃，來幫它升級一下質感吧！

材料
- 冷凍水餃：12 顆
- 食用油：60g
- 低筋麵粉：20g
- 水：140ml

作法
1. 把食用油、麵粉、水事先攪拌均勻調成麵粉水。
2. 將冷凍水餃從冰箱取出，不需要解凍，直接使用。
3. 平底鍋中加入 1 大匙食用油，用中火加熱。
4. 當油熱時，將水餃整齊地放入鍋中，煎至底部金黃，約 2～3 分鐘。
5. 當水餃底部煎至金黃酥脆後，加入調好的麵粉水，蓋上鍋蓋，繼續用中火煎。
6. 打開鍋蓋，檢查水餃底部是否已經酥脆。如果底部金黃且酥脆，即可取出。
7. 撒上一些鹽或搭配醬油、蒜泥醬等佐料就能享用嘍。

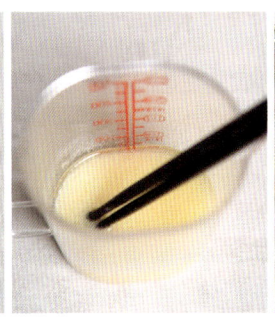

TIPS
1. 選擇不沾平底鍋，可以更輕鬆地翻盤並保持冰花完整。
2. 麵粉水容易沉澱，記得再次攪拌均勻再倒入鍋中。

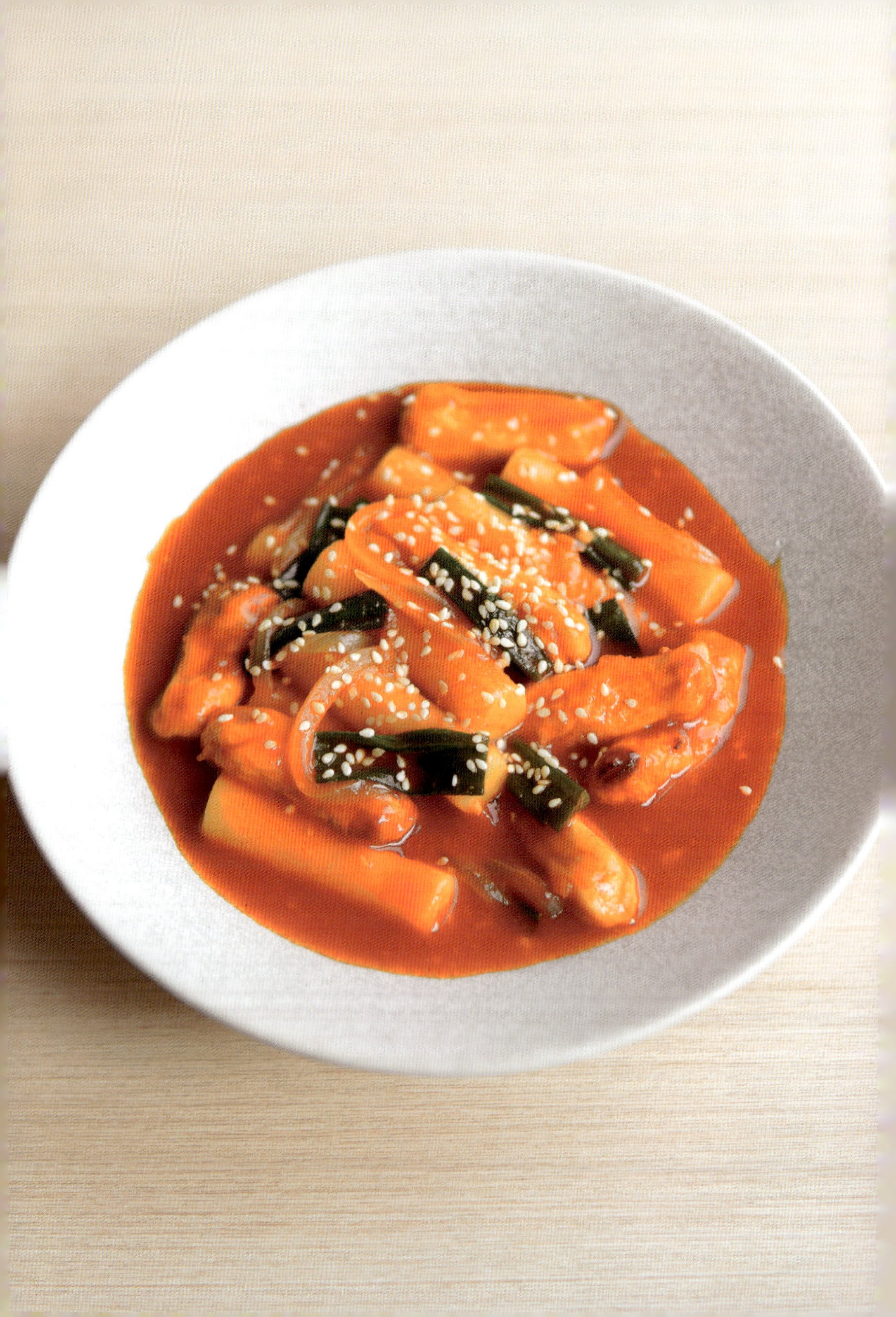

Recipe 03 韓式年糕甜不辣

韓式風味一直是近年來的熱門首選，這道料理的原型是韓國的經典街頭小吃，「韓式年糕魚板」，以辣甜的醬汁拌煮年糕和魚板，但是在台灣正宗的韓式魚板不好買，搜尋了一下腦海中的食材庫，沒錯！最常看到的甜不辣，恰恰可以代替這個魚板，和年糕搭配起來更是相得益彰！

材料
- 韓式年糕：100g
- 甜不辣：100g
- 洋蔥：1/2 顆
- 青蔥：2 根
- 味醂：1 大匙
- 砂糖：2 大匙
- 韓式辣醬：1 大匙
- 蒜：1 瓣
- 水：300ml
- 香油：1 小匙
- 芝麻：適量

作法
1. 洋蔥切絲，青蔥切段，蒜切成末，年糕泡入溫水備用。
2. 甜不辣先入烤箱中烤至金黃，取出備用。
3. 熱鍋中加入少許油，先將蒜末和洋蔥絲炒香，加入韓式辣醬翻炒，再加入甜不辣和年糕翻煎。
4. 鍋中加入水、味醂、砂糖後繼續攪拌均勻，讓所有食材都充分吸收醬料。
5. 最後加入青蔥段和香油，輕輕攪拌均勻。
6. 盛出後撒上芝麻裝飾，即可享用。

TIPS
1. 使用圓形甜不辣切片或是長條型甜不辣都可以。
2. 年糕容易黏鍋，可以在煮之前用溫水浸泡 10 分鐘，質地更柔軟。

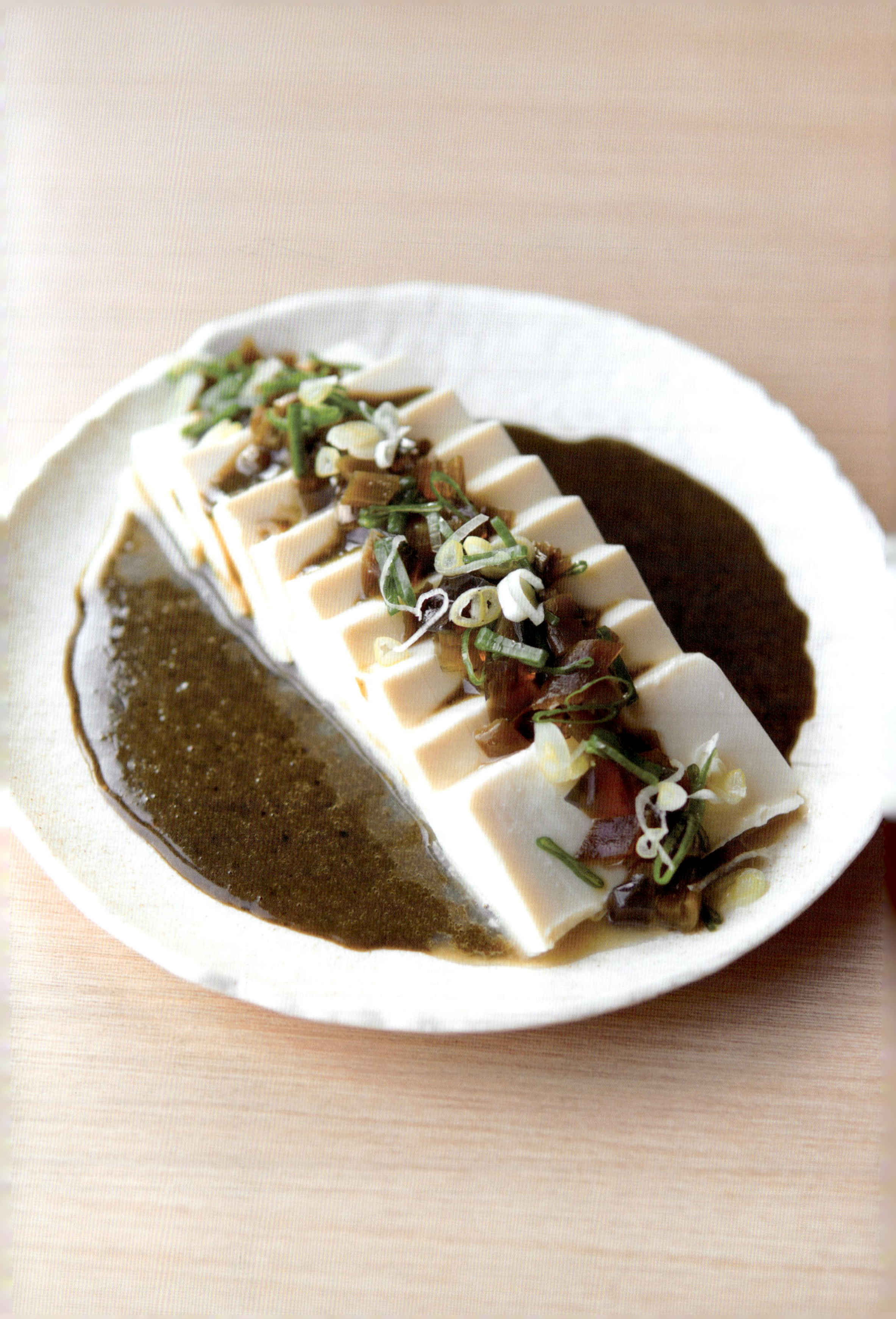

Recipe 04 剝皮辣椒皮蛋豆腐

皮蛋豆腐算是家喻戶曉的經典小菜，簡單易做卻風味十足。但如果要做出星級感，當然要加入一點巧思的，除了稍微改變一下常見的質地狀態外，加入剝皮辣椒來點綴更有畫龍點睛的效果，這個餐廳級別的皮蛋豆腐你也可以試做看看喔！

材料
- 皮蛋：2 顆
- 嫩豆腐：1 塊
- 剝皮辣椒：3 條
- 蒜末：2 瓣
- 醬油膏：1 大匙
- 味醂：1 大匙
- 香油：1 小匙
- 砂糖：1 大匙
- 青蔥：1 根

作法
1. 皮蛋去殼，挖出蛋黃並把蛋白的部分切成小丁備用。
2. 嫩豆腐分切成片狀，擺放在盤中，輕輕壓掉水分，避免水分過多。
3. 剝皮辣椒切成細丁與皮蛋白混合。
4. 取一小碗，將皮蛋黃、醬油膏、蒜末、味醂、砂糖和香油混合，攪拌均勻成為調味醬汁。
5. 將豆腐擺入盤中淋上調配好的醬汁。
6. 把切好的皮蛋白和剝皮辣椒撒在上方。
7. 最後撒上少許青蔥作為裝飾，即可享用。

TIPS
1. 也可在上方撒上細柴魚增添風味。
2. 選用品質好的松花皮蛋是這道料理的關鍵。

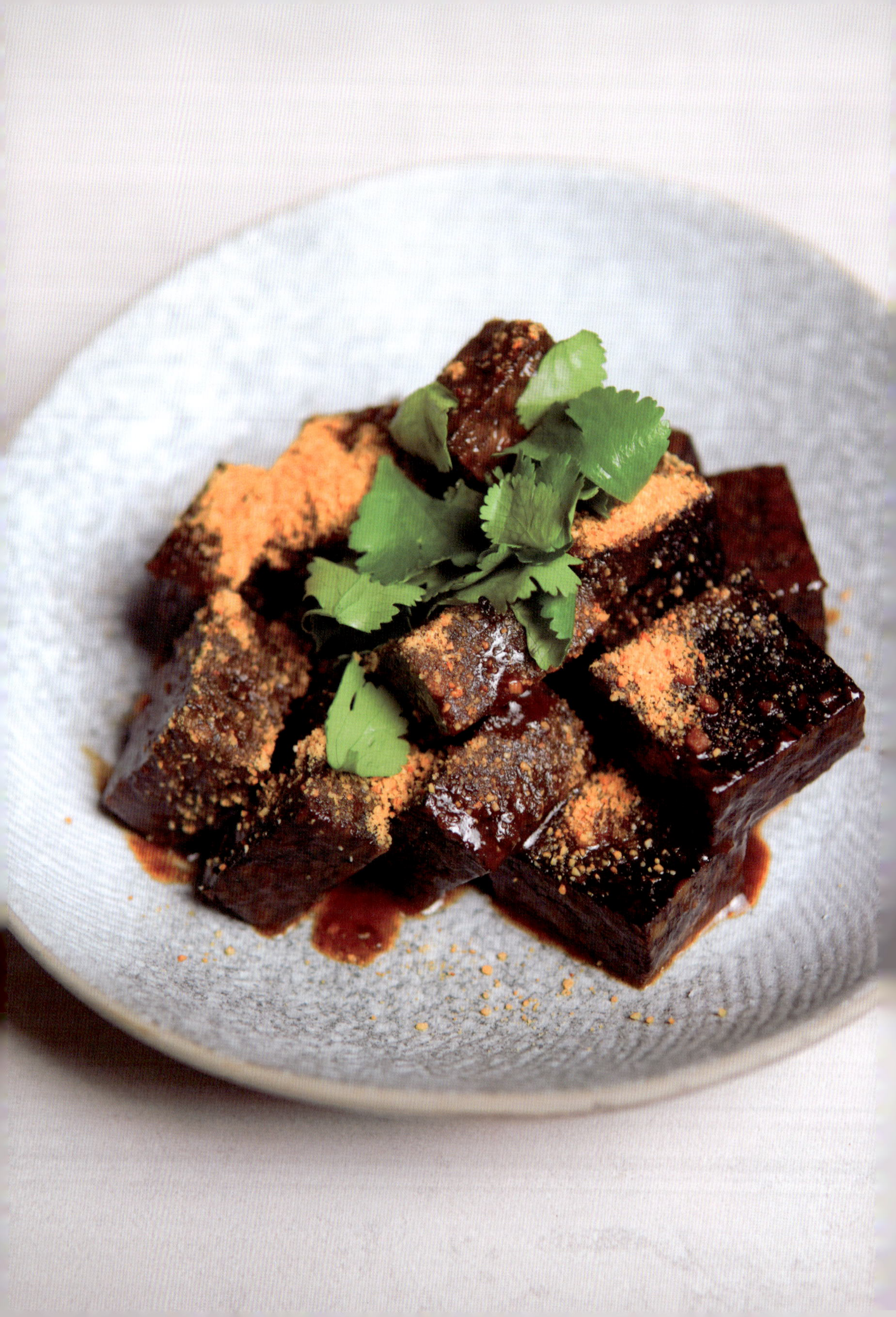

紅茶米血糕

這是一道融合台灣地方特色的創意小吃，將米血糕與紅茶的香氣巧妙結合，帶來獨特的風味。這道菜的特色在於加入紅茶調味，讓米血糕吸收紅茶的清香與微苦，並且將這種特殊的風味與米血的濃郁口感結合，創造出一種新穎而又深具層次的味覺體驗。

材料

- 米血：200g
- 紅茶包：1包
- 醬油：1大匙
- 砂糖：1小匙
- 蒜末：2瓣
- 醬油膏：1小匙
- 花生粉：適量
- 香菜：適量
- 水：適量

作法

1. 將米血切成適當大小的塊狀，泡熱水備用。
2. 將紅茶包放入熱水中，沖泡約5分鐘，取出茶包，保留茶湯。
3. 起鍋爆香蒜末，加入紅茶以及醬油、砂糖、醬油膏調味。
4. 將米血糕取出，放入醬汁中。
5. 將米血糕與醬汁一起煮約5分鐘，讓米血糕吸收湯頭的香氣和味道。
6. 將紅茶米血糕盛入碗中，撒上花生粉和香菜作為裝飾，即可上桌享用。

TIPS

1. 準備米血糕的時候可以先切除較硬的表面，避免影響口感。
2. 收汁接近完成時容易沾鍋，期間要注意持續攪拌。

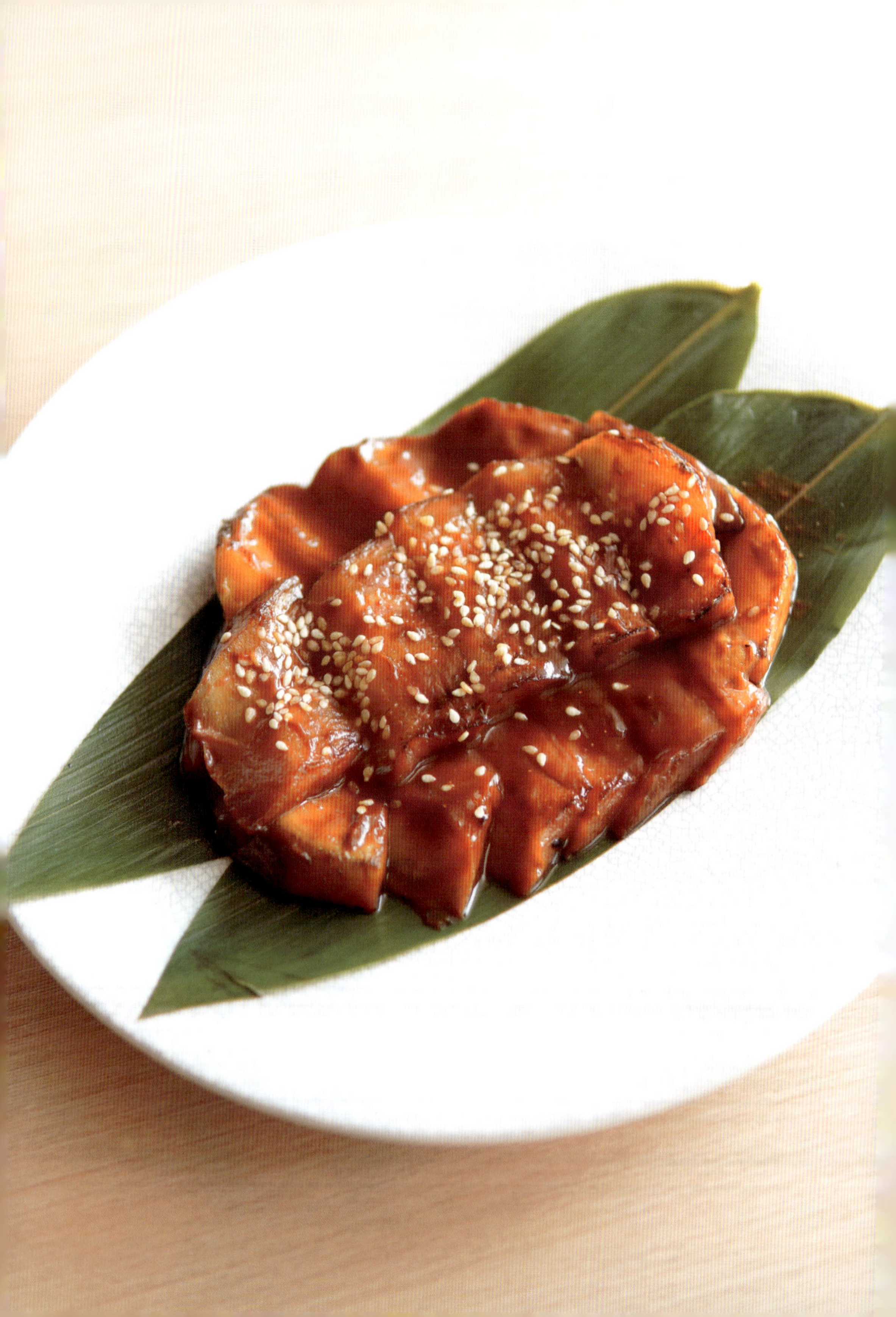

瓢瓜味噌燒

瓢瓜一般幾乎都是千篇一律的傳統做法，但其實它還可以有很多變化，例如這道先煎再燒的味噌燒，就顛覆了傳統對瓢瓜料理的想像，這道融合了瓢瓜的清甜和味噌的濃郁，成為一道滋味豐富的料理！

材料
瓢瓜：1/2 條
赤味噌：1 大匙
砂糖：1 小匙
柴魚高湯：300ml
奶油：1 小塊
味醂：1 大匙
芝麻：適量

作法
1. 將瓢瓜去皮後切對半，再切成長片狀備用。
2. 起鍋下油加入瓢瓜，兩面稍微煎至金黃。
3. 加入赤味噌、砂糖、味醂、柴魚高湯繼續翻炒均勻，讓瓢瓜片裹上調味料。
4. 翻炒均勻後轉小火再煮 10 分鐘，直到瓢瓜變軟且湯汁收至微乾。
5. 起鍋前加入奶油提味後撒上芝麻作為裝飾，即可上桌享用。

TIPS
1. 本地瓢瓜的最佳採收季節通常是夏季，這時候的瓢瓜鮮嫩多汁，甜味較足。
2. 同樣的做法在冬季可以用白蘿蔔來替代。

Recipe 07 白酒奶油娃娃菜

娃娃菜是常見的食材之一,但其實只要改變一點手法,就可以搖身一變成為質感滿滿的精緻料理,有別於傳統的娃娃菜,這裡以先煎後燜的方式,再搭配白酒奶油,瞬間就來到高級西餐廳的感覺了!

材料
- 娃娃菜:4 棵
- 無鹽奶油:2 大匙
- 白酒:100ml
- 蒜末:2 瓣
- 鮮奶油:1 大匙
- 鹽:適量
- 黑胡椒粉:適量
- 帕馬森起司:適量
- 水:適量

作法
1. 將娃娃菜洗淨,切去根部,再切成對半。
2. 在鍋中加入油,放入娃娃菜煎至金黃後放置於鍋旁。
3. 再下無鹽奶油和蒜末爆炒至金黃色,並散發香氣。
4. 倒入白酒,繼續翻煮 1～2 分鐘,讓酒精稍微揮發,並讓酒香與奶油融合後再加入少許水,蓋上鍋蓋小火燜 5 分鐘。
5. 打開後加入鮮奶油,攪拌均勻,煮至湯汁稍微濃縮。
6. 加入鹽與黑胡椒粉調味,並根據個人口味調整。
7. 最後刨上帕馬森起司增添風味,完成後即可以上桌享用。

TIPS
1. 娃娃菜根部且勿切除過多,才不會導致菜葉分離不成形。
2. 選用動物性鮮奶油來料理,可以避免油水分離的現象。

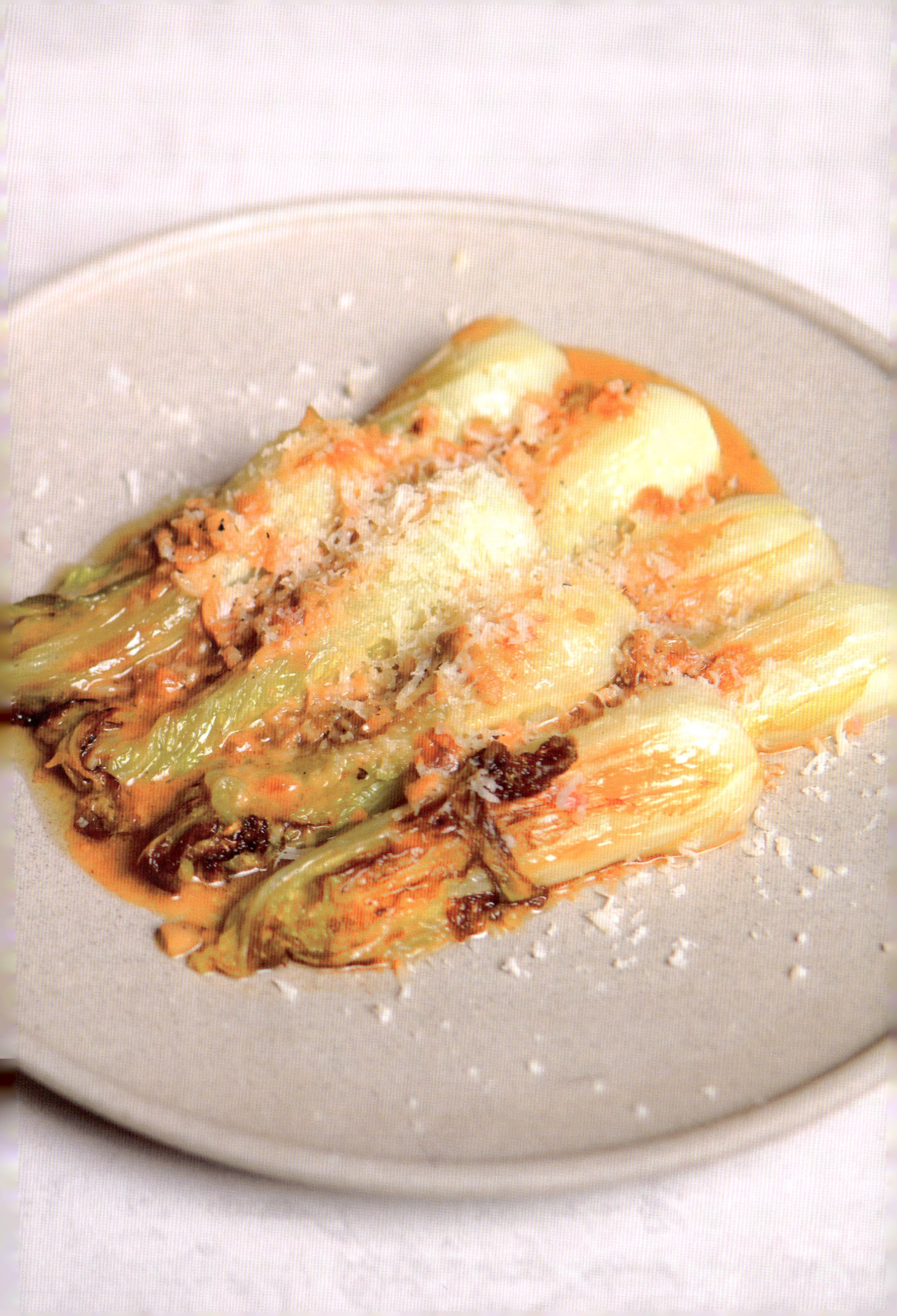

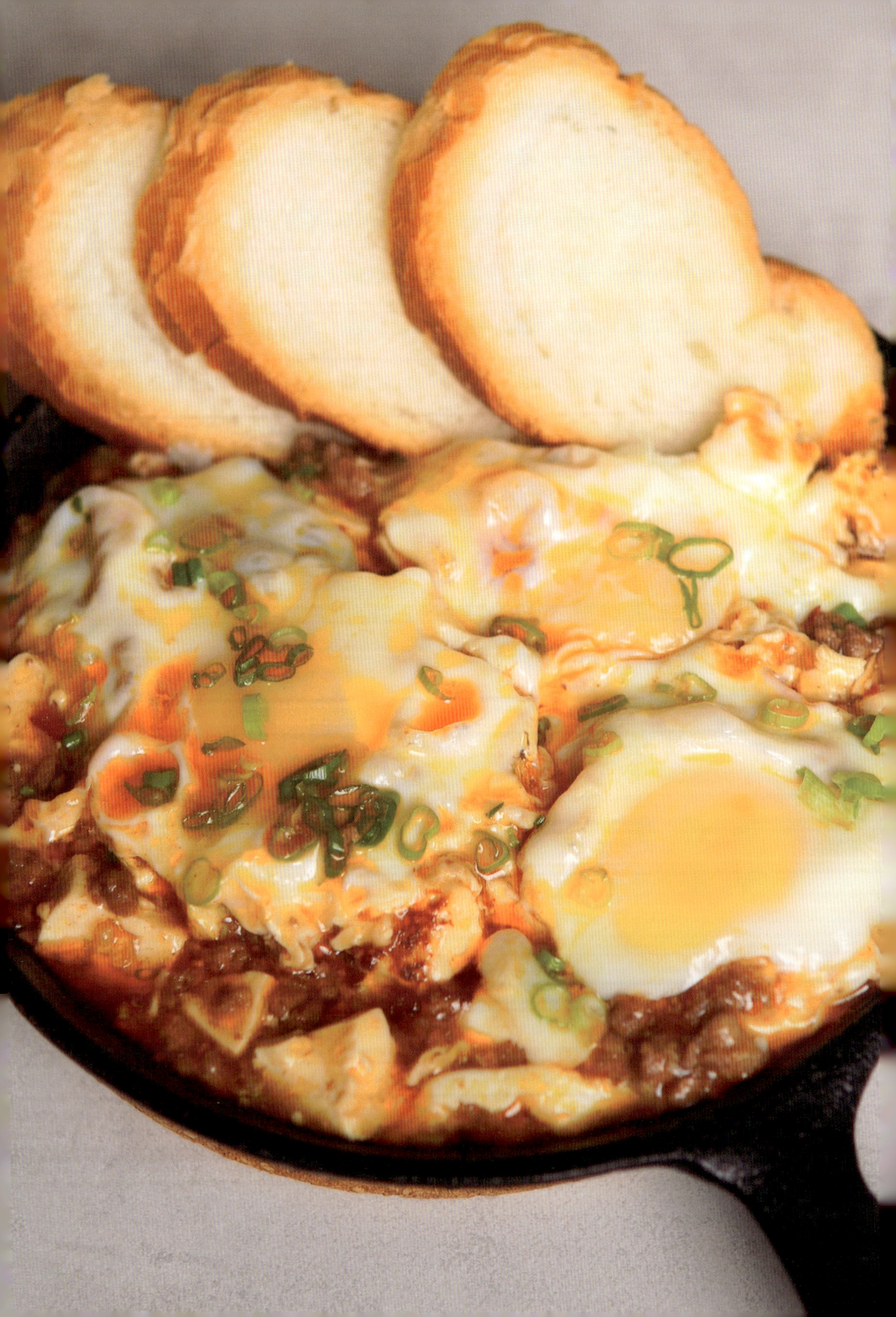

麻婆豆腐燉蛋

這道料理的靈感來自於經典的北非燉蛋（Shakshuka），但是與其準備很多平常不好購得的香料，不如這次直接變化為常見的中式麻婆豆腐版本，再加上燉蛋一樣搭配得天衣無縫，濃烈的麻辣風味與蛋的嫩滑口感，呈現出別具一格的美味，不管是下飯還是搭配麵包都很適合！

材料

- 嫩豆腐：1盒
- 雞蛋：3顆
- 牛絞肉：100g
- 蒜末：2瓣
- 薑末：1小匙
- 蔥白：1小匙
- 辣豆瓣醬：1大匙
- 醬油膏：1大匙
- 砂糖：1小匙
- 水：300ml
- 太白粉水：1大匙
- 蔥花：1根
- 香油：1小匙
- 胡椒粉：適量

作法

1. 將豆腐切塊，放入鹽水中燙煮約3分鐘去除豆腥味，瀝乾水分後備用。
2. 熱鍋加入牛絞肉翻炒至肉色變白。
3. 放入蒜末與薑末和蔥白煸炒，再加入辣豆瓣醬炒出香氣。
4. 加水後放入醬油膏、砂糖攪拌均勻。
5. 放入燙過的豆腐，輕輕翻動，使豆腐均勻吸收醬汁。
6. 下太白粉水勾薄芡。
7. 最後在上面打入雞蛋，蓋上鍋蓋燜煮3分鐘。
8. 上桌前，撒上香油、蔥花、胡椒粉增添香氣，即可享用。

TIPS

1. 牛絞肉不易購得的話，可以直接用豬絞肉替代即可。
2. 雞蛋的熟度可以根據個人喜好調整。如果喜歡更流心的蛋黃，燜煮時間可以再縮短。

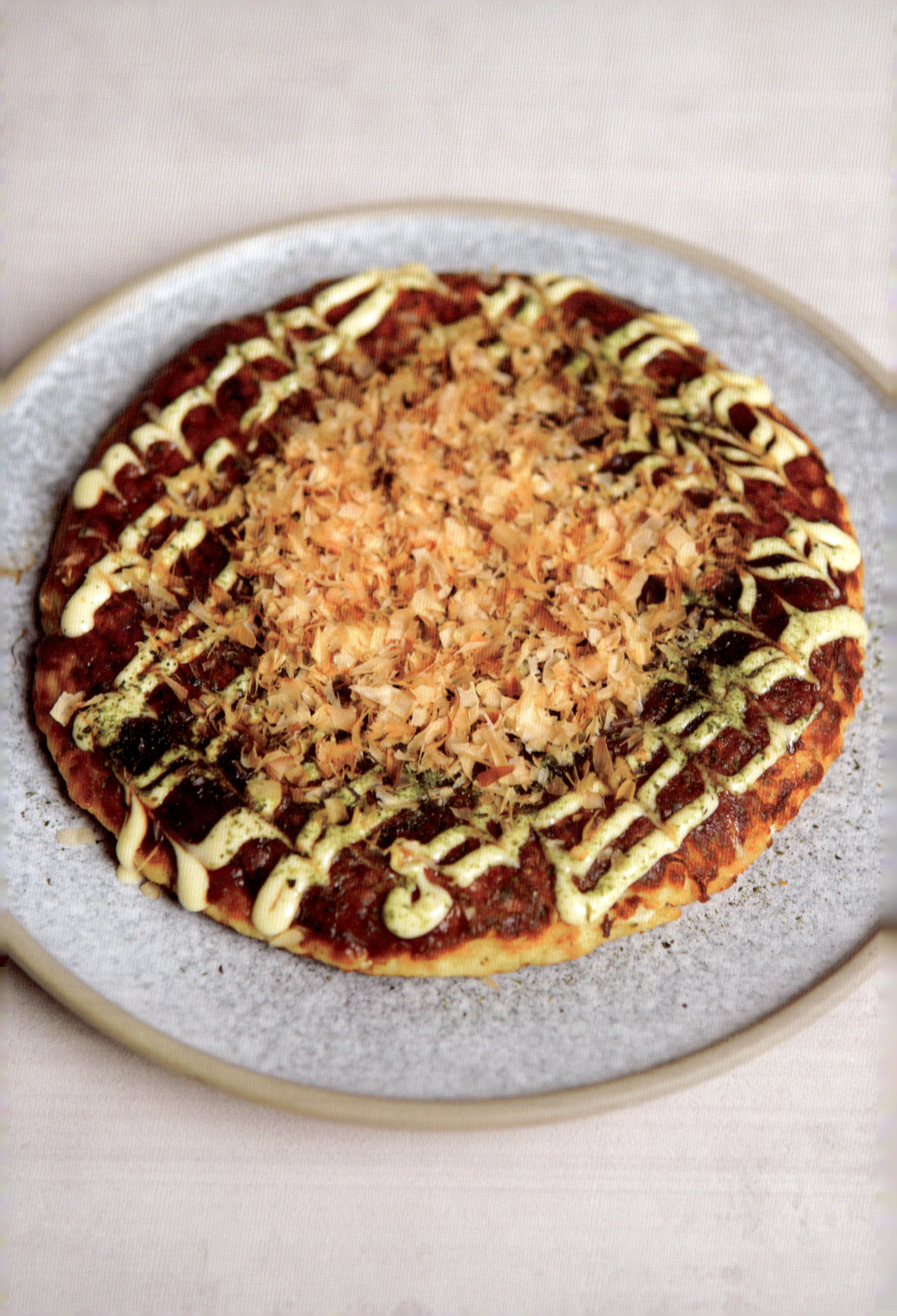

Recipe 09 泡麵大阪燒

一道將經典大阪燒與泡麵結合的創意料理，我不確定日本朋友會不會生氣，但這樣的結合真的很美味又方便！這邊分享的是我個人常做的方式，你也可以加入自己喜歡的食材，成為你最愛的私房版本！

材料
- 泡麵：1 包
- 蛋：1 顆
- 高麗菜：100g
- 低筋麵粉：5 大匙
- 起司絲：適量
- 水：200ml
- 鹽：適量
- 美乃滋：適量
- 照燒醬：適量
- 細柴魚片：適量
- 海苔粉：適量

作法
1. 高麗菜切細絲，泡麵麵條壓碎備用。
2. 在一個大碗中，將碎泡麵連同調味包、切好的高麗菜絲、起司絲、雞蛋、麵粉、鹽和水混合均勻，攪拌成麵糊狀。
3. 熱鍋後，倒入適量的油，將麵糊倒入鍋中，用鍋鏟壓實，形成一個圓形的大阪燒餅狀。
4. 以中小火煎至底部金黃，然後小心翻面，繼續煎至另一面也金黃熟透。
5. 煎好後，放到盤子上，淋上照燒醬和美乃滋，再撒上一些細柴魚片和海苔粉就完成囉。

TIPS
1. 選用小型鍋具更適合這道料理。
2. 選用口味清淡的泡麵就很適合這道料理。

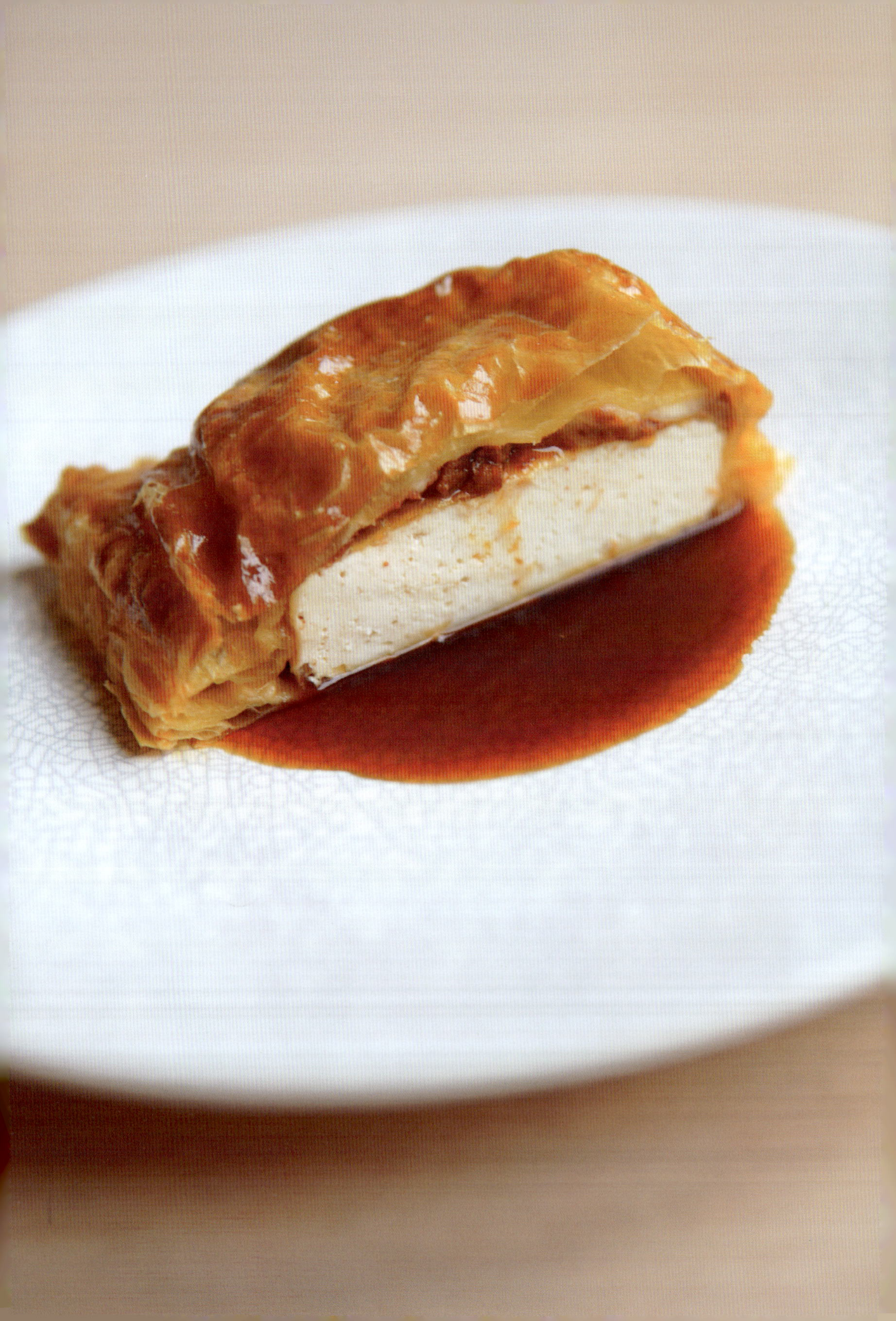

威靈頓臭豆腐

Recipe 10

聽起來很像是什麼權貴與平民的結合吧！它將傳統的臭豆腐和威靈頓牛排概念結合，打造出一個全新的美味。傳統的威靈頓牛排是將牛肉包裹在酥皮中烤製，而這道菜將臭豆腐的獨特風味與威靈頓的做法結合，製作出一道外酥內嫩、香氣四溢的創意料理！

材料

臭豆腐：4 塊
冷凍酥皮：1 包
肉醬罐頭：1 罐
起司絲：適量
蛋黃：1 顆

作法

1. 將臭豆腐下鍋以半煎炸的方式，煎至表面金黃酥脆後取出備用。
2. 取一塊酥皮，將臭豆腐放入其中，先放上肉醬再放上起司絲。
3. 上方再覆蓋一片酥皮輕輕包裹起來，將邊緣封好，並在表面刷上蛋黃。
4. 烤箱預熱至攝氏 180 度，將包好的威靈頓臭豆腐放入烤箱中，烤約 15～20 分鐘，直到酥皮呈金黃色且酥脆。
5. 出爐後搭配甜辣醬或蒜蓉醬等醬汁就完成嘍！

TIPS

1. 可以在酥皮表面劃上紋路，這樣出爐後更美觀。
2. 使用市售現成酥皮，可以再擀過一次拉大酥皮，這樣更好包覆。

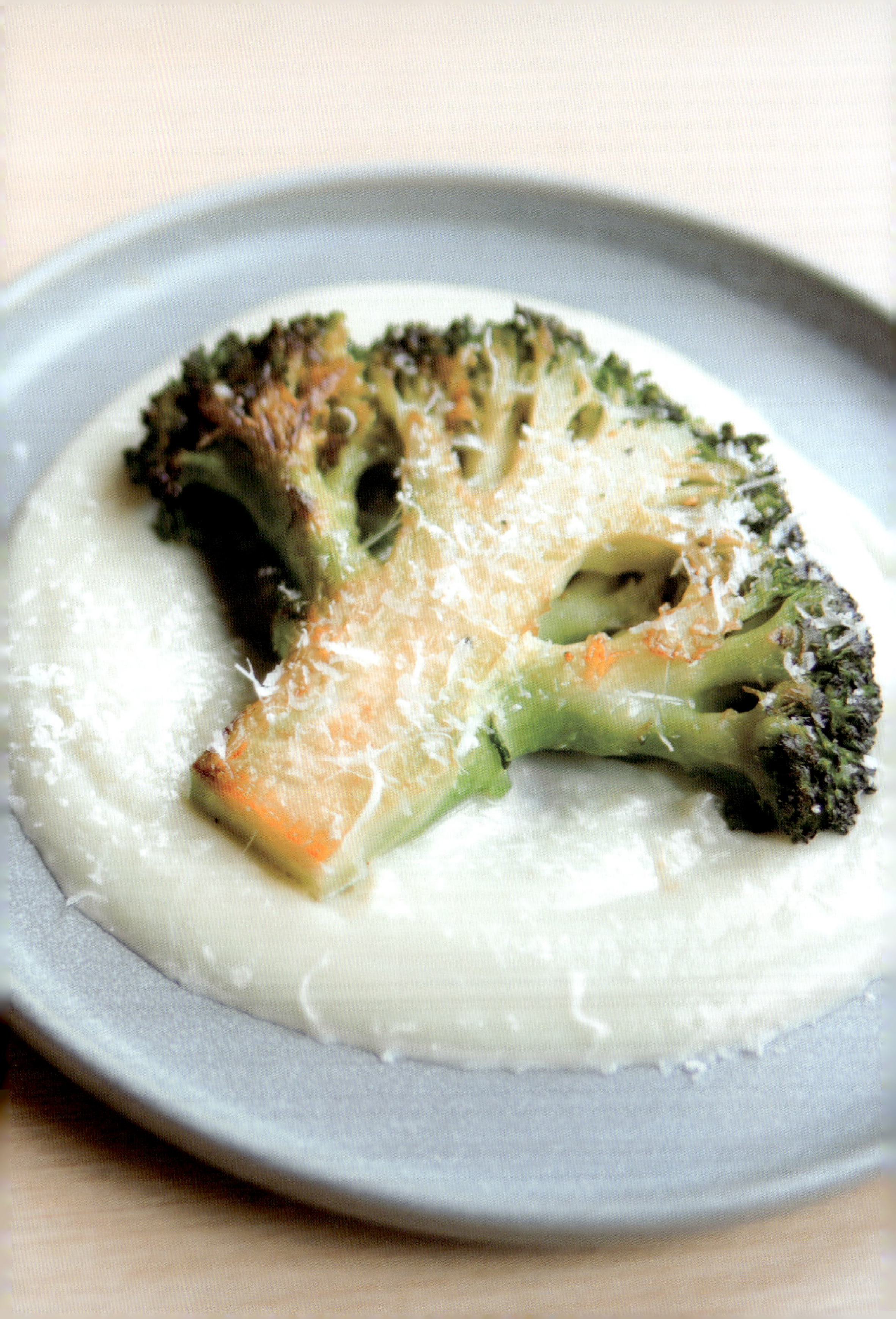

Recipe 11 香煎青花菜排佐白花菜泥

這道菜是很標準的主廚邏輯菜色，以不同顏色但是性質幾乎相同的兩種食材，一主一輔呈現截然不同的兩種口感，也可以把它想像成是蔬食版的高級牛排，但是選用的食材，正是我們常常看到再普通不過的兩種花椰菜。這也是一直想和大家分享的，即便是平凡無奇的食材，透過我們的巧思與設計，一樣可以製作出令人難忘的星級料理！

材料
- 青花菜：100g
- 白花菜：200g
- 牛奶：300ml
- 鹽：適量
- 黑胡椒粉：適量
- 橄欖油：2 大匙
- 豆蔻粉：1 小匙
- 蒜頭：1 瓣
- 帕馬森起司：適量

作法
1. 將青花菜切成適當的厚片，放入沸水中燙煮 2〜3 分鐘，直到顏色鮮亮後，撇去水分後備用。
2. 將白花菜切成小塊，取一鍋倒入牛奶，放入白花菜煮約 15 分鐘至熟透後，放涼。
3. 將白花菜連同牛奶放入果汁機中，加入蒜頭、鹽、黑胡椒粉、豆蔻粉，攪拌成細緻的泥狀。
4. 將燙熟的青花菜排放在熱鍋中，加入橄欖油，兩面煎至金黃且微脆，約 3〜4 分鐘，並加入少許鹽與黑胡椒粉調味。
5. 將煎好的青花菜擺放在盤中，旁邊鋪上白花菜泥，輕輕撒上帕馬森起司就完成嘍。

TIPS
1. 也可以依照需求做成全素的版本。
2. 選擇較大且厚實的青花菜，這樣更適合切成厚片來煎製。

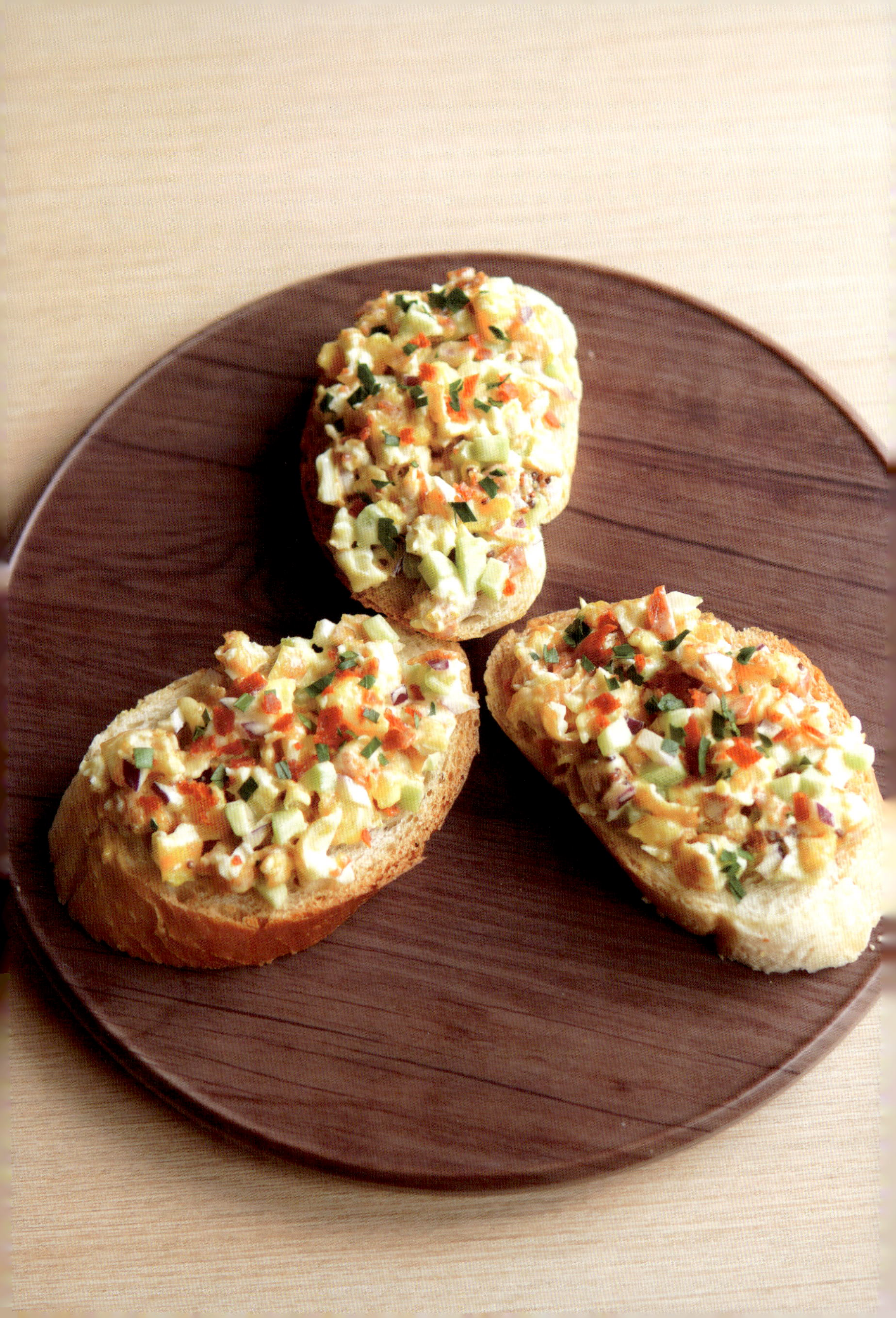

Recipe 12 荷包蛋開放三明治

聽起來好像再普通不過了,但是美味也是讓人驚喜的,非常適合拿來當成派對點心,不管是做成開放三明治或是小餐包都很合適,煎到表皮焦香的荷包蛋,剛好在這道沙拉裡,充分發揮出它的香氣與口感!

材料
- 法國麵包:3 片
- 雞蛋:3 顆
- 冷肉片:6 片
- 紅洋蔥:1/4 顆
- 酪梨:1/2 顆
- 日式美乃滋:1 大匙
- 芥子醬:1 大匙
- 巴西里:適量
- 糖:適量
- 黑胡椒粉:適量

作法
1. 先將 3 顆雞蛋打在一起煎成大荷包蛋備用。
2. 起鍋後同鍋依序再煎冷肉和法國麵包片。
3. 把酪梨和紅洋蔥切碎,再把煎好的荷包蛋和冷肉也切碎。
4. 在碗內將日式美乃滋、芥子醬、糖、黑胡椒粉混合,調成醬汁。
5. 依序將所有切碎的食材放入碗內,混合醬汁並攪拌均勻。
6. 最後將荷包蛋沙拉放在麵包上,並可撒上少許巴西里碎做裝飾,就完成嘍。

TIPS
1. 搭配用奶油煎香法國麵包非常合適。
2. 挑選冷肉或是培根類,煎至酥脆後來搭配都很適合。

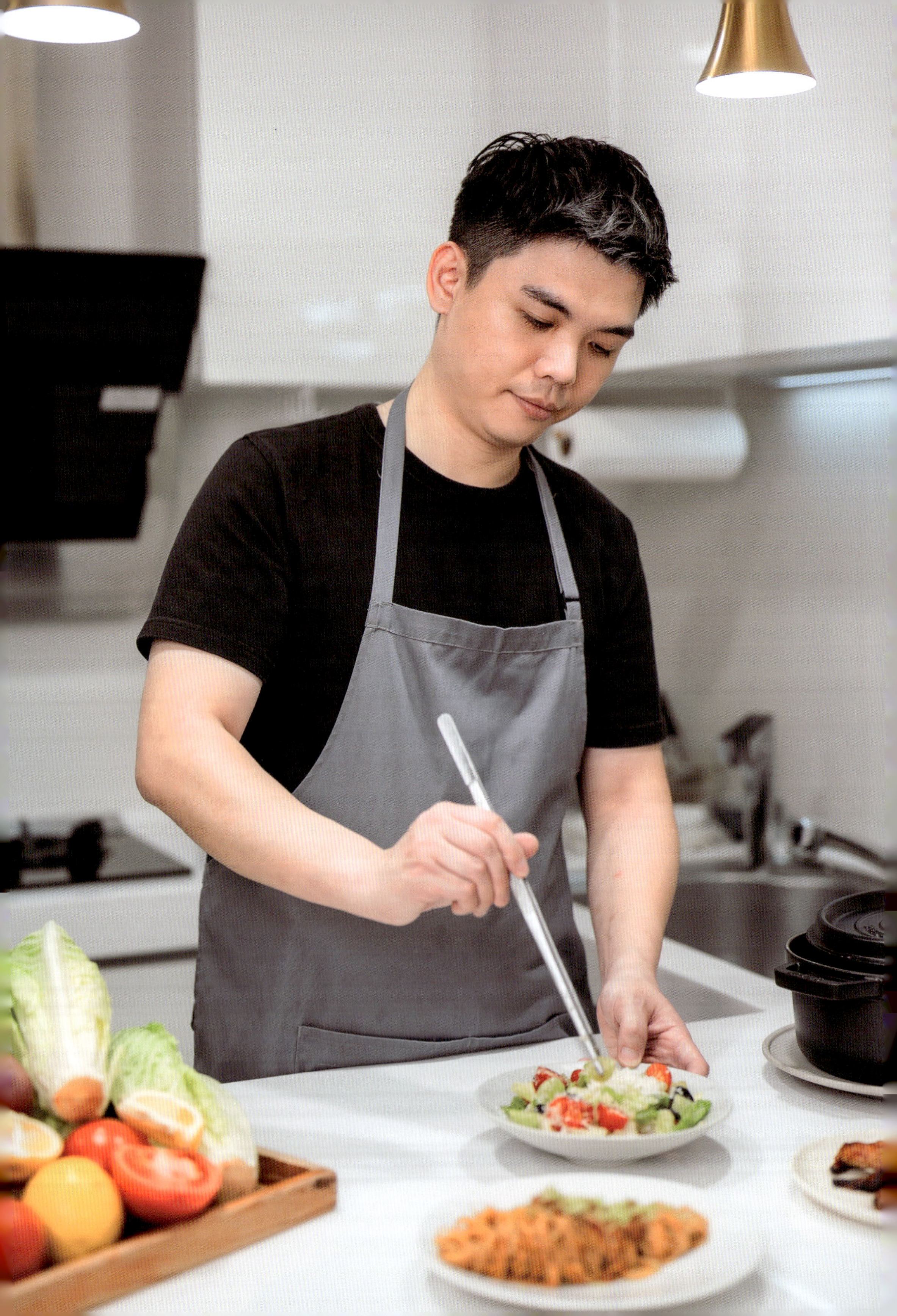

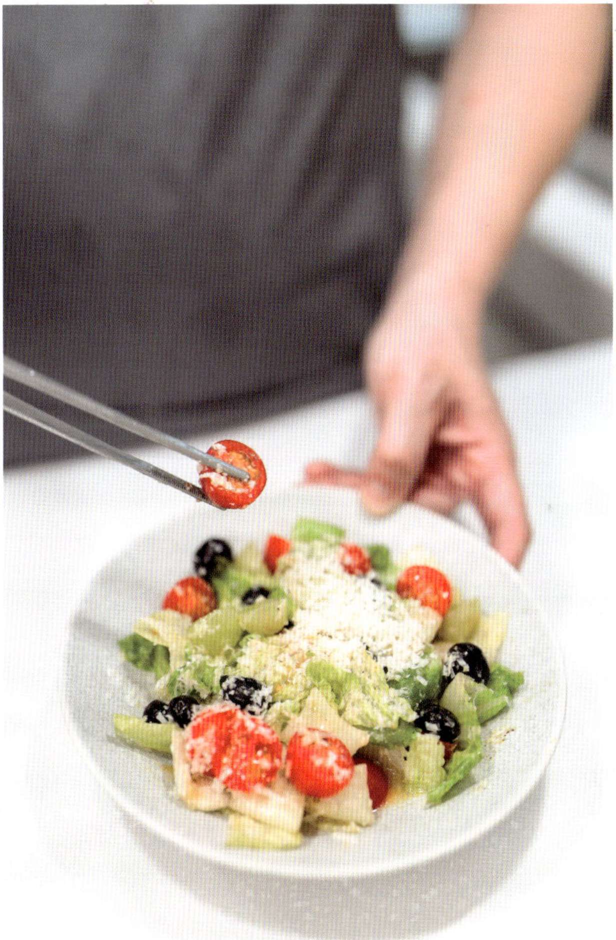

CHAPTER 5

與水果共舞
亂入有理
繽紛料理

台灣本身就是擁有豐富多樣水果的寶島，我們通常可以很輕易地買到各種當季水果，當然也很適合好好運用在料理中，只需要一點點小手法，就可以讓平凡的水果變身成精緻料理的元素之一，讓餐桌變得更繽紛豔麗。沒有人可以抗拒水果的魅力吧！

① 培根葡萄串燒
② 香蕉咖哩絞肉
③ 白酒蘋果燉豬肉
④ 草莓咕咾肉
⑤ 火龍果蝦球
⑥ 水梨鮮蝦鬆
⑦ 焦糖鳳梨雞腿
⑧ 荔枝鑲雞翅
⑨ 糖漬柑橘生干貝
⑩ 酪梨生鮭魚塔塔
⑪ 華爾道夫沙拉
⑫ 甜柿冷肉沙拉

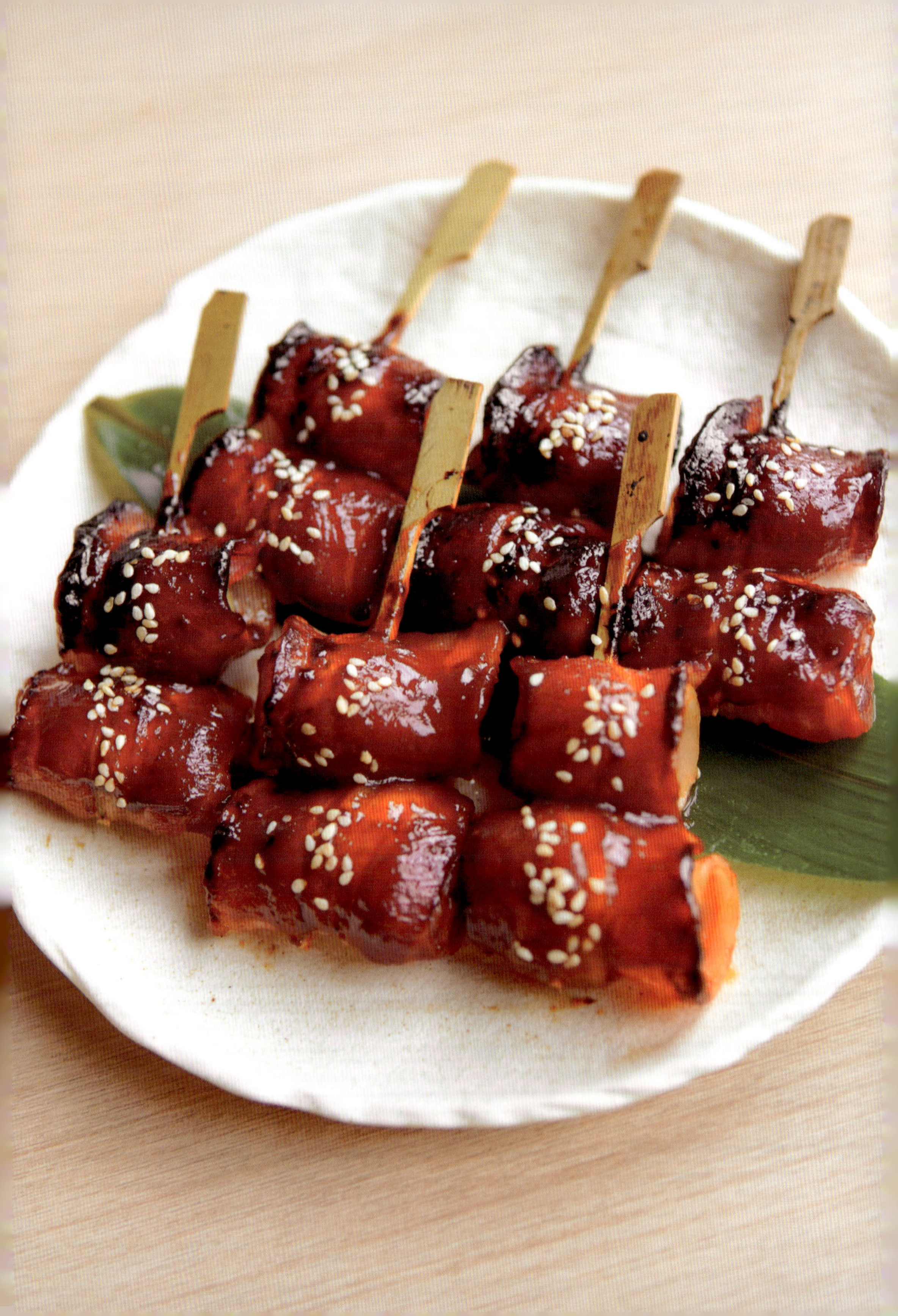

Recipe 01 培根葡萄串燒

這是一道充滿創意的烤串料理，培根的鹹香與葡萄的果甜完美結合，創造出獨特的味覺對比，工序也不繁複。是居酒屋常見的招牌料理，現在我們在家也可以輕鬆復刻出來！

材料
培根：6 片
葡萄：12 顆
烤肉醬：1 大匙
芝麻：適量

作法
1. 將培根切半，每片包裹一顆葡萄，用牙籤或小竹籤固定，每支串上兩個培根葡萄。
2. 取烤盤，鋪烘焙紙，以攝氏 180 度送入烤箱烤 10 分鐘。
3. 出爐後刷上烤肉醬，再次以攝氏 180 度送入烤箱烤 5 分鐘。
4. 取出後擺盤，撒上少許白芝麻就完成嘍。

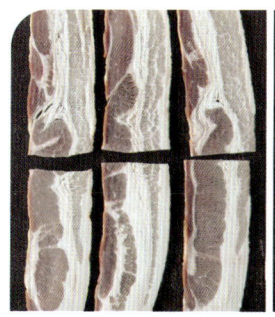

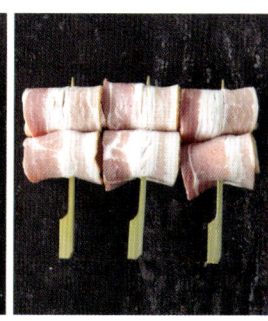

TIPS
1. 串培根時盡量找到葡萄中心點串入，才不會輕易鬆脫了。
2. 建議直接選擇無籽品種的葡萄，不用破壞葡萄完整性，也不用擔心裡面有籽影響口感。

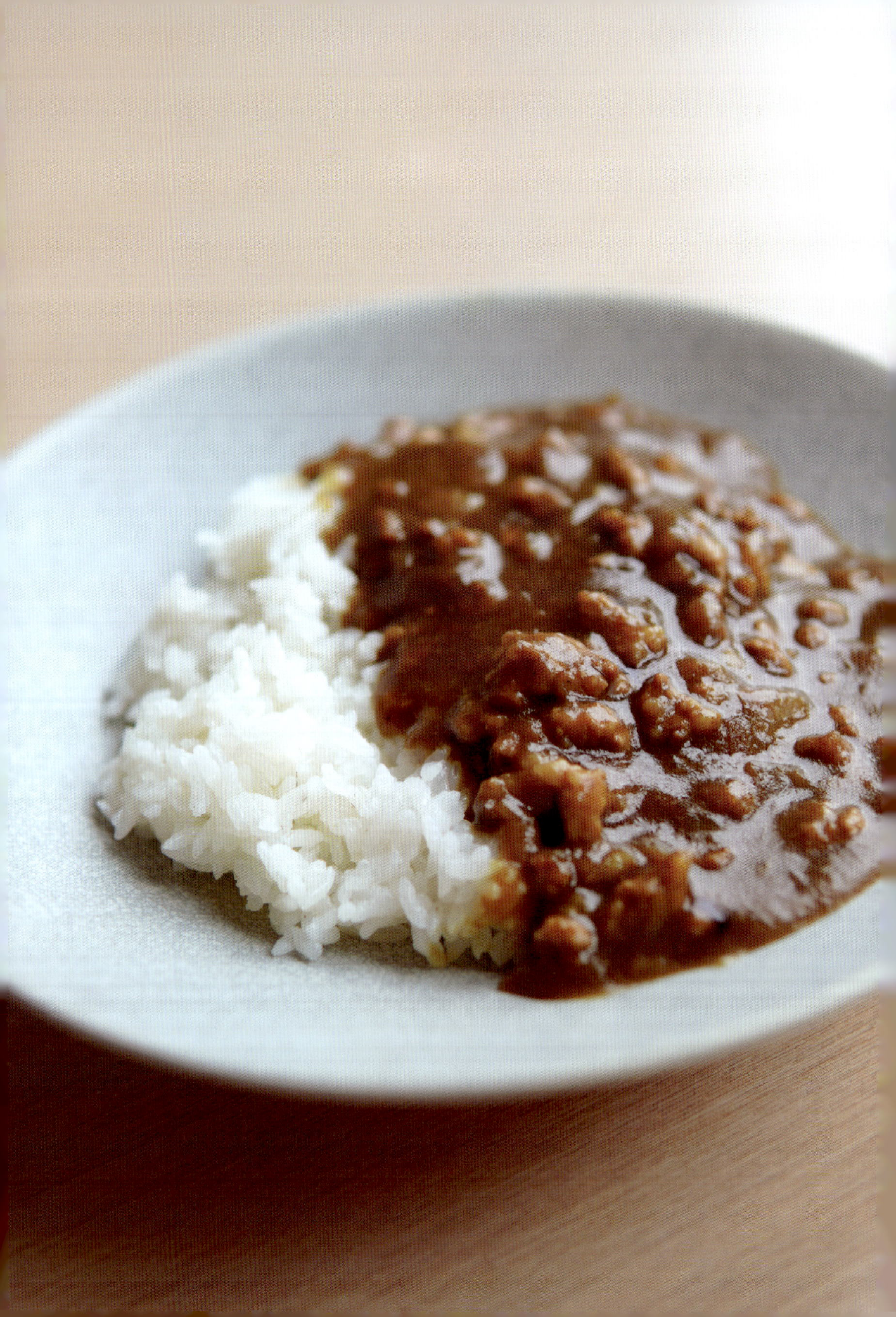

Recipe 02 香蕉咖哩絞肉

沒想到吧！香蕉也可以拿來煮咖哩，用香蕉的天然甜味來平衡咖哩的辛辣與濃烈，還有一點天然澱粉的稠度，跟咖哩根本就是黃金搭檔。這次使用了絞肉來做搭配，這樣不用花太多時間久煮，就能輕鬆熬出這鍋白飯殺手了！

材料
香蕉：1根
牛絞肉：200g
洋蔥丁：1/2 顆
蒜末：2 瓣
咖哩粉：1 大匙
椰奶：300ml
黑糖：1 大匙
黑胡椒：適量
橄欖油：適量
水：適量

作法
1 香蕉去皮切成小段，與椰奶混合攪成泥狀備用。
2 平底鍋中加入橄欖油，燒熱後放入洋蔥丁和蒜末，炒至洋蔥透明。
3 加入牛絞肉，炒至變色後，加入咖哩粉拌勻，炒出香氣。
4 再加入香蕉椰奶泥，混合均勻，用小火煮約 5 分鐘，讓味道融合，若煮到太濃稠，可以加入少許水。
5 最後以黑糖和黑胡椒調味，再淋上少許椰奶，即可盛盤享用。

TIPS
1 選擇完全熟透的香蕉，可以讓整體風味更加香濃。
2 牛絞肉可改用成雞絞肉也很合適。

Recipe 03

白酒蘋果燉豬肉

融合了豬肉的豐富風味與蘋果的清甜，並以白酒為基底的經典燉菜。豬肉經過燉煮後變得柔嫩多汁，而蘋果的自然甜味則在燉煮過程中釋放出來，與白酒和香料交織出一種既細膩又層次豐富的味覺體驗。

材料

- 豬梅花肉：200g
- 蘋果：1 顆
- 洋蔥：1 顆
- 大蒜：3 瓣
- 白酒：150ml
- 橄欖油：1 大匙
- 高湯：800ml
- 月桂葉：2 片
- 迷迭香：1 支
- 鹽：適量
- 黑胡椒：適量
- 麵粉：適量

作法

1. 豬肉切塊，蘋果去皮去核後切塊，洋蔥也切塊。
2. 平底鍋中加入橄欖油，燒熱後放入豬肉，將豬肉兩面煎至金黃色取出備用。
3. 加入洋蔥和大蒜，繼續翻炒至洋蔥變軟，大蒜呈現金黃色再倒回豬肉。
4. 均勻撒上一點麵粉後一起拌炒均勻。
5. 倒入白酒，翻動豬肉塊讓酒精揮發，約煮 2～3 分鐘。
6. 加入蘋果、高湯和月桂葉、迷迭香，攪拌均勻後蓋上鍋蓋，轉小火燉煮約 40 分鐘，直到豬肉熟透、湯汁收濃。
7. 最後以鹽和黑胡椒調味就完成嘍。

TIPS

1. 燉煮至最後階段打開蓋子稍微減汁，能讓風味更濃縮。
2. 選擇酸甜平衡的蘋果，可以為燉肉帶來自然的酸甜味，與白酒搭配時更能凸顯味道。

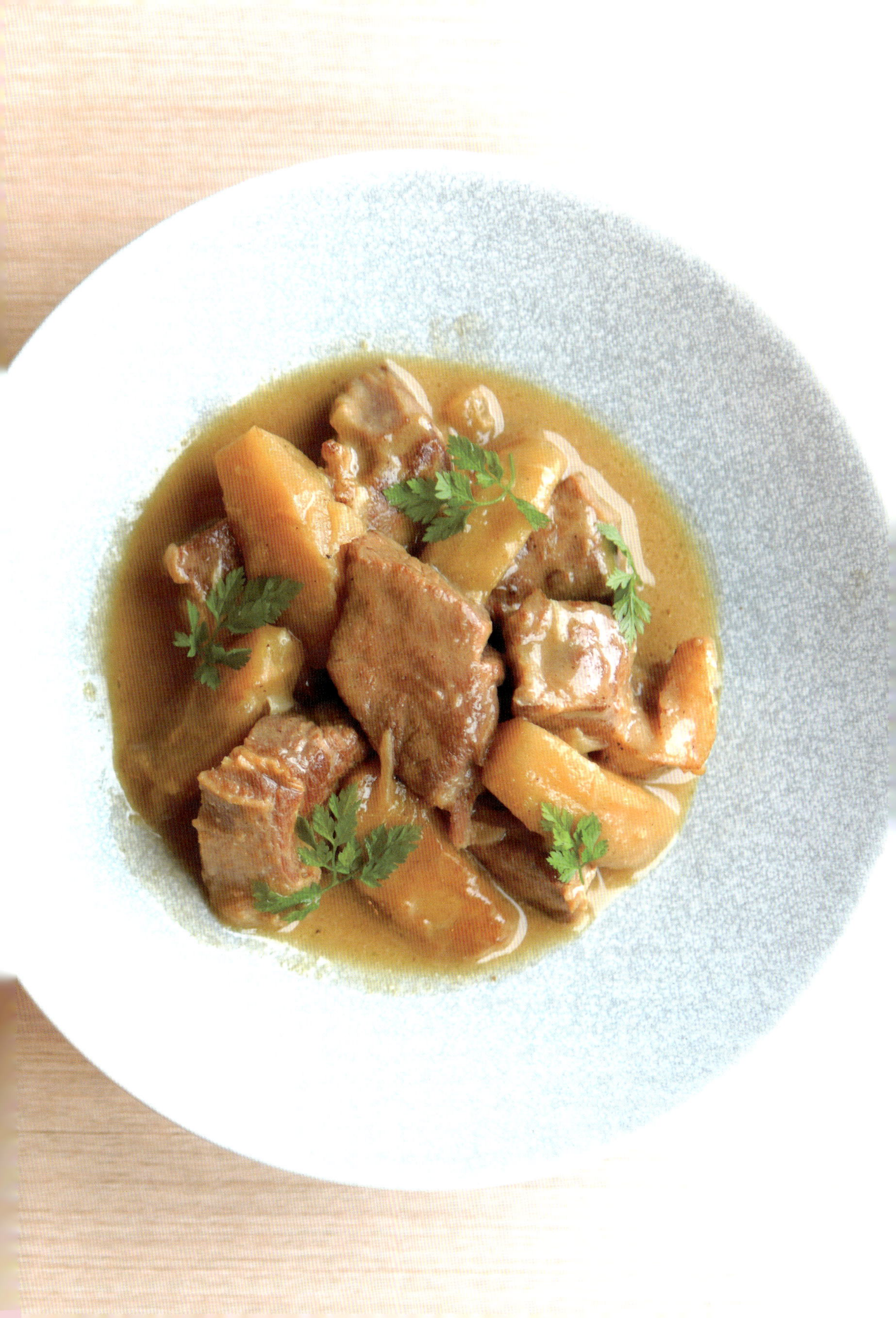

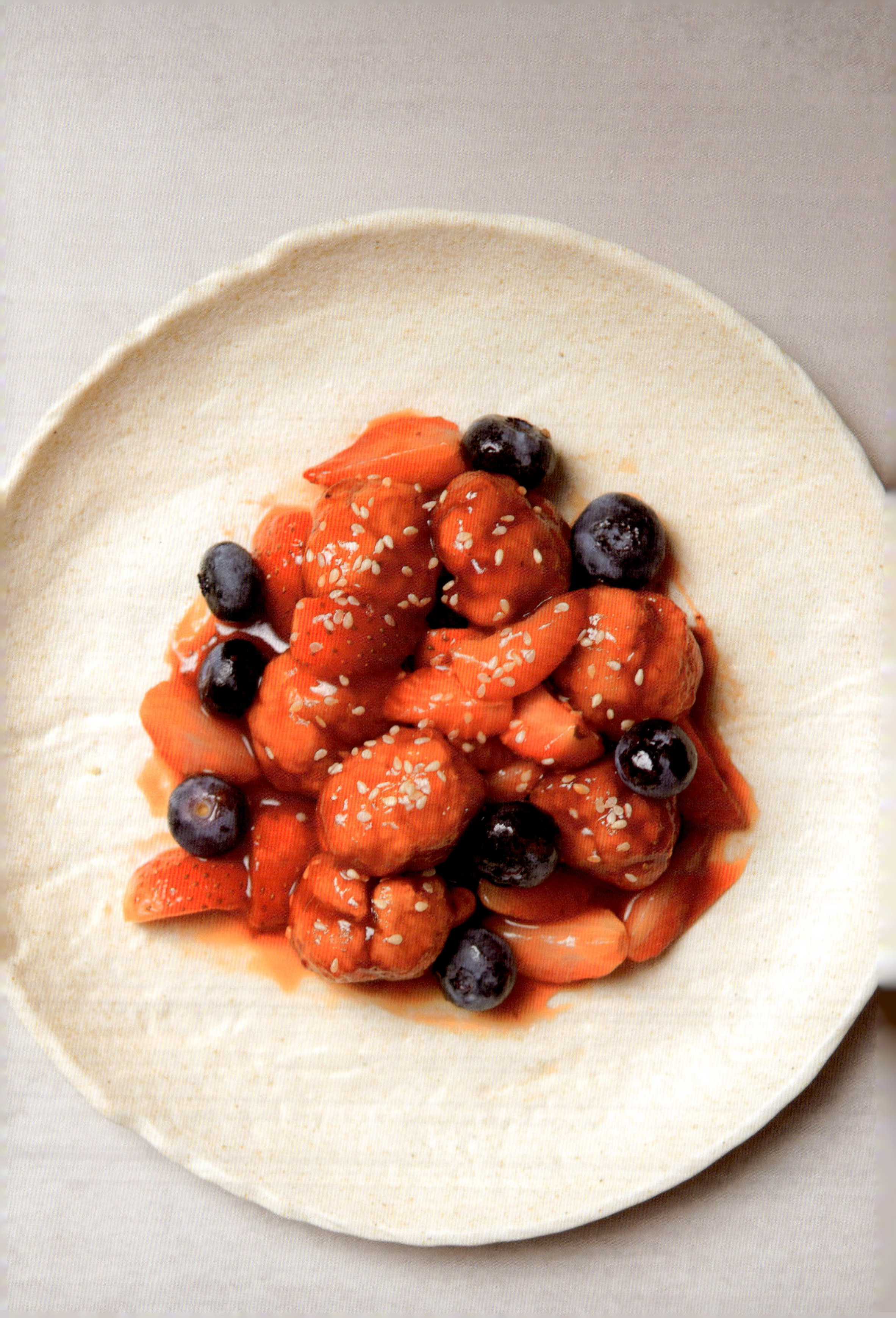

Recipe 04 草莓咕咾肉

每到冬天沒有人可以抗拒草莓的魅力！將經典的咕咾肉與新鮮草莓結合，創造出鹹甜的獨特風味。同時這也是絕對會深受小朋友們喜愛的料理！光是看到菜色裡出現草莓，很難不讓人尖叫吧！令人驚豔的口感對比，成為一道視覺和味覺都令人愉悅的創新菜。

材料

豬里肌肉：200g
蛋：1 顆
草莓：6 顆
藍莓：8 顆
醬油：1 小匙
米酒：1 大匙
胡椒粉：1 小匙
砂糖：4 大匙
白醋：2 大匙
番茄醬：2 大匙
太白粉：1 大匙
食用油：適量
芝麻：適量

作法

1. 豬里肌肉切片，用醬油、蛋、米酒、胡椒粉先抓醃 30 分鐘。
2. 草莓去蒂切半。
3. 將豬肉蘸上太白粉後在手中捏成球狀，等待反潮後下入油鍋，炸至金黃後撈起備用。
4. 鍋中加入砂糖、白醋和番茄醬，攪拌均勻煮沸，直到湯汁稍微收濃。
5. 將炸好的豬肉塊放入鍋中，攪拌均勻，確保每塊豬肉都被醬汁包裹，再加入草莓，拌炒幾下後就可以起鍋。
6. 最後點綴一些藍莓和芝麻，就可以享用嘍。

TIPS

1. 下入草莓後需要小心輕拌，以保持完整。
2. 豬肉片裹粉的時候在手上使勁捏成一球，就是讓形狀漂亮的關鍵。

Recipe 05

火龍果蝦球

選用紅色的火龍果和沙拉醬融合，呈現出漂亮的桃紅色！不得不讚嘆大自然的魅力，用全天然的食材也可以有如此鮮豔的顏色，微微酸甜的滋味搭配炸蝦球後味道相得益彰，它絕對會是餐桌上的視覺焦點，如果厭倦了千篇一律的鳳梨蝦球，就可以試試看這道料理。

材料
紅火龍果：1/2 顆
白火龍果：1/2 顆
蝦仁：200g
蛋白：1 顆
太白粉：1 大匙
鹽：1 小匙
沙拉醬：3 大匙
脆酥粉：適量
食用油：適量
薄荷葉：適量

作法
1. 蝦仁洗淨後用蛋白、鹽、太白粉抓醃 30 分鐘。
2. 紅、白火龍果去皮後切小塊，紅火龍果和沙拉醬用攪拌機製作成火龍果沙拉醬備用。
3. 將酥炸粉依包裝說明，加水調成麵糊，再將蝦仁沾裹後下鍋油炸。
4. 起鍋後和白火龍果塊一起淋上火龍果沙拉攪拌均勻。
5. 最後擺盤並點綴薄荷葉裝飾就完成嘍！

TIPS
1. 選用稠度較高的沙拉醬比較適合這道料理。
2. 也可以將攪打好的火龍果沙拉過濾一次，讓整體口感更為滑順。

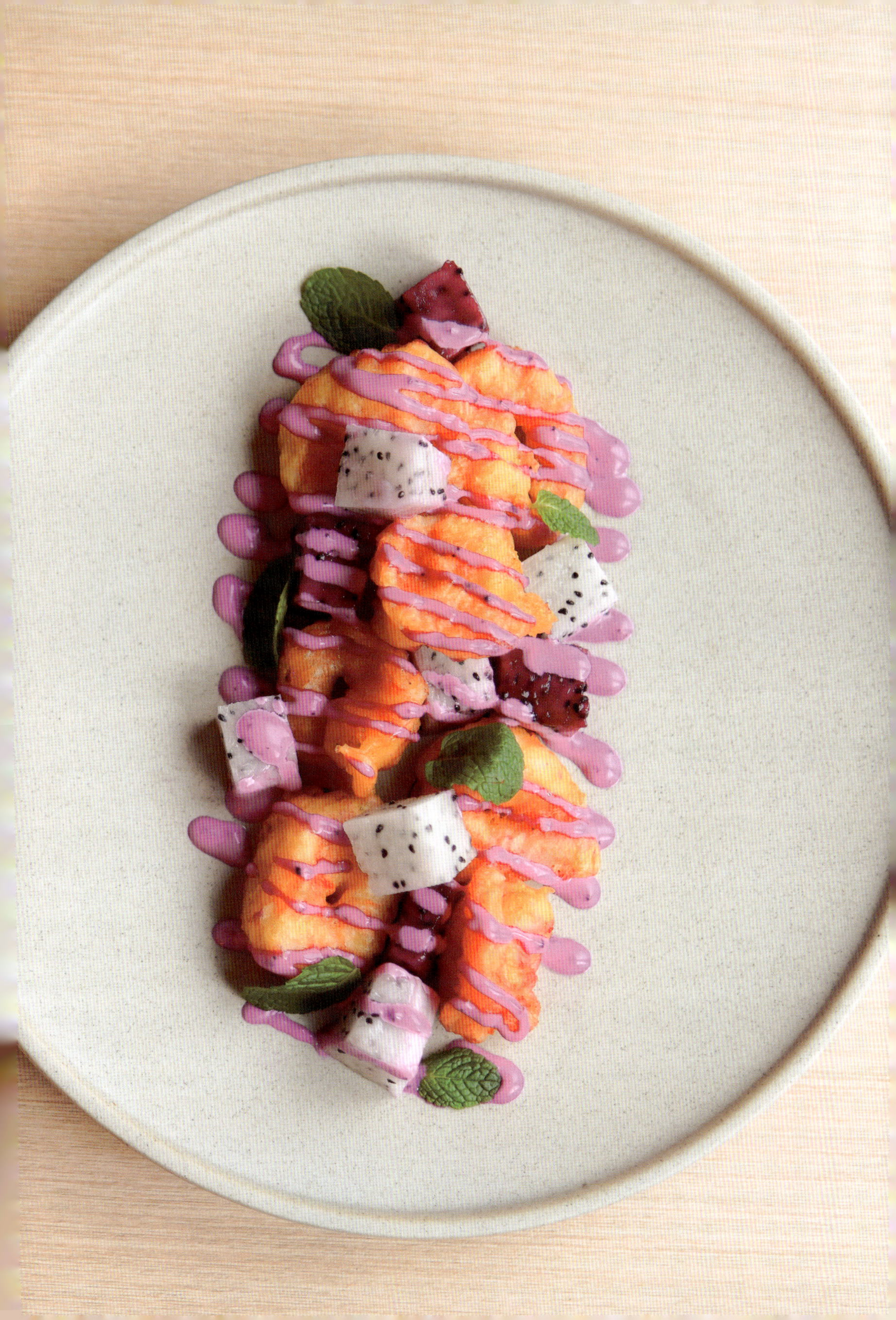

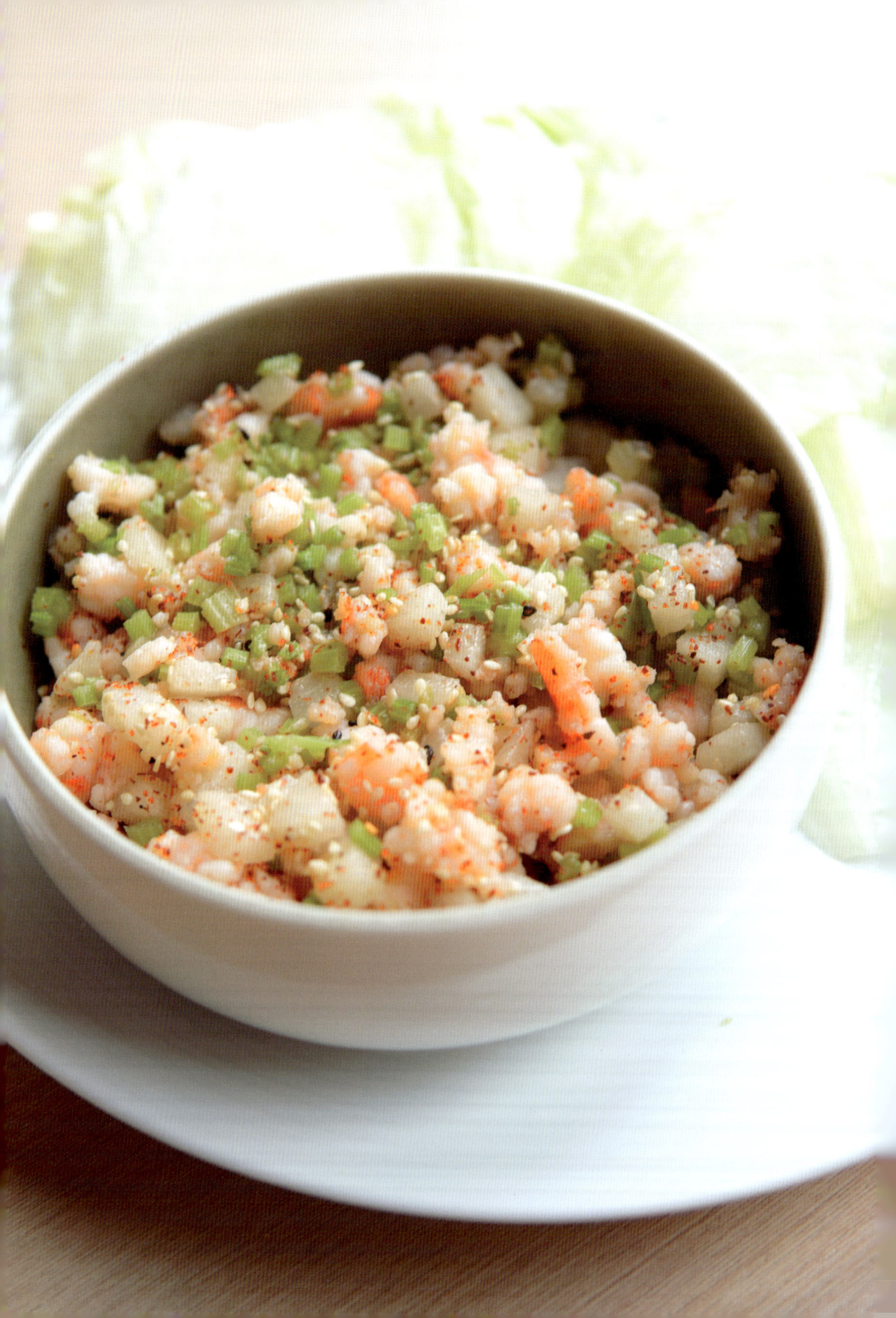

Recipe 06 水梨鮮蝦鬆

水梨的清甜與蝦仁的鮮美相結合，呈現出一種微甜清爽的口感，並且能夠增添一道菜的層次感。這道菜不僅味道獨特，還帶有一絲水果的清香，搭配生菜享用總讓人停不下來。

材料
- 水梨：1/2 顆
- 蝦仁：150g
- 蒜頭：1 瓣
- 薑：1 小塊
- 荸薺：2 顆
- 芹菜：2 支
- 鹽：適量
- 胡椒粉：適量
- 香油：適量
- 美生菜葉：適量
- 紹興酒：1 小匙
- 高湯：1 大匙
- 七味粉：適量
- 芝麻：適量

作法
1. 水梨去皮去核後，切成小丁備用。蒜頭和薑切末。
2. 荸薺拍碎後切成小丁，芹菜也切成珠狀備用
3. 蝦仁去腸泥，拍扁後再切成小丁。
4. 熱鍋後加入食用油，放入蒜頭和薑末炒香，加入蝦丁繼續翻炒至蝦肉變色。
5. 加入荸薺和水梨丁，繼續翻炒 2～3 分鐘。
6. 加入少許紹興酒、鹽、胡椒粉、高湯，攪拌均勻，繼續翻炒至所有食材入味，並稍微收乾。
7. 最後加入芹菜和香油拌炒兩下，盛盤後在上方撒上七味粉、芝麻就完成嘍，佐生菜葉吃，爽口又美味。

TIPS
1. 水梨口感清脆但帶有自然甜度是最佳選擇，太熟的水梨會過於軟爛影響口感，太生則甜味不足。
2. 可以生菜葉上再搭配炸油條或任何酥脆的餅乾碎都很適合。

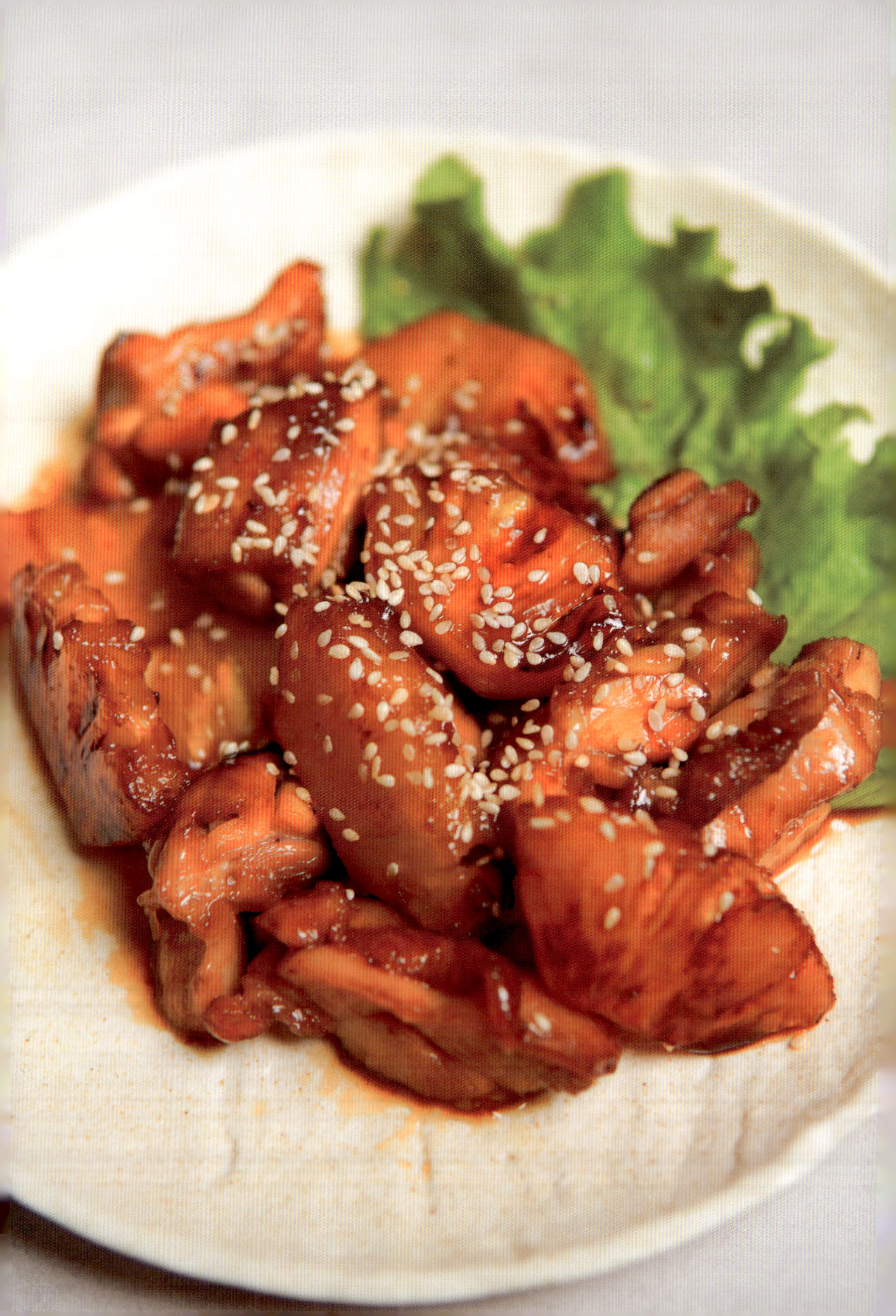

Recipe 07 焦糖鳳梨雞腿

將焦糖化的鳳梨與鮮嫩的雞肉結合，呈現出甜鹹交織的獨特風味。這道菜的焦糖化過程不僅讓鳳梨的酸甜味更加深邃濃郁，還帶出微微的焦香，使整道菜更加富有層次感，這道鐵板燒餐廳的招牌菜，在家也能完美呈現。

材料
- 去骨雞腿：1支
- 鳳梨：1/4顆
- 醬油：2小匙
- 米酒：2大匙
- 砂糖：3大匙
- 蜂蜜：1小匙
- 鹽：適量
- 黑胡椒：適量
- 芝麻：適量

作法
1. 去骨雞腿洗淨後，用紙巾擦乾，用少許鹽和黑胡椒醃入味。
2. 鳳梨去皮切成小塊。
3. 在碗中將醬油、蜂蜜、砂糖、米酒混合均勻，製作醬汁。
4. 平底鍋加熱後，把雞腿皮面朝下煎至金黃酥脆後起鍋切成塊狀。
5. 原鍋將鳳梨塊加入鍋中，煎到鳳梨呈現焦糖化後，放入醬汁與雞腿一起翻炒收汁。
6. 最後將煎好的雞腿與焦糖鳳梨盛盤，淋上鍋中剩餘的醬汁，撒上芝麻即完成。

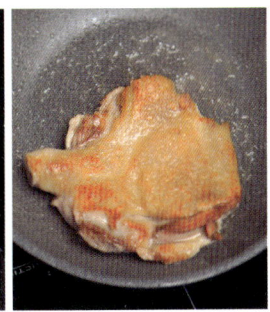

TIPS
1. 如果鳳梨偏酸則需要多加一點糖來平衡味道。
2. 雞腿肉先將皮面擦乾，更容易煎出酥脆的表面。

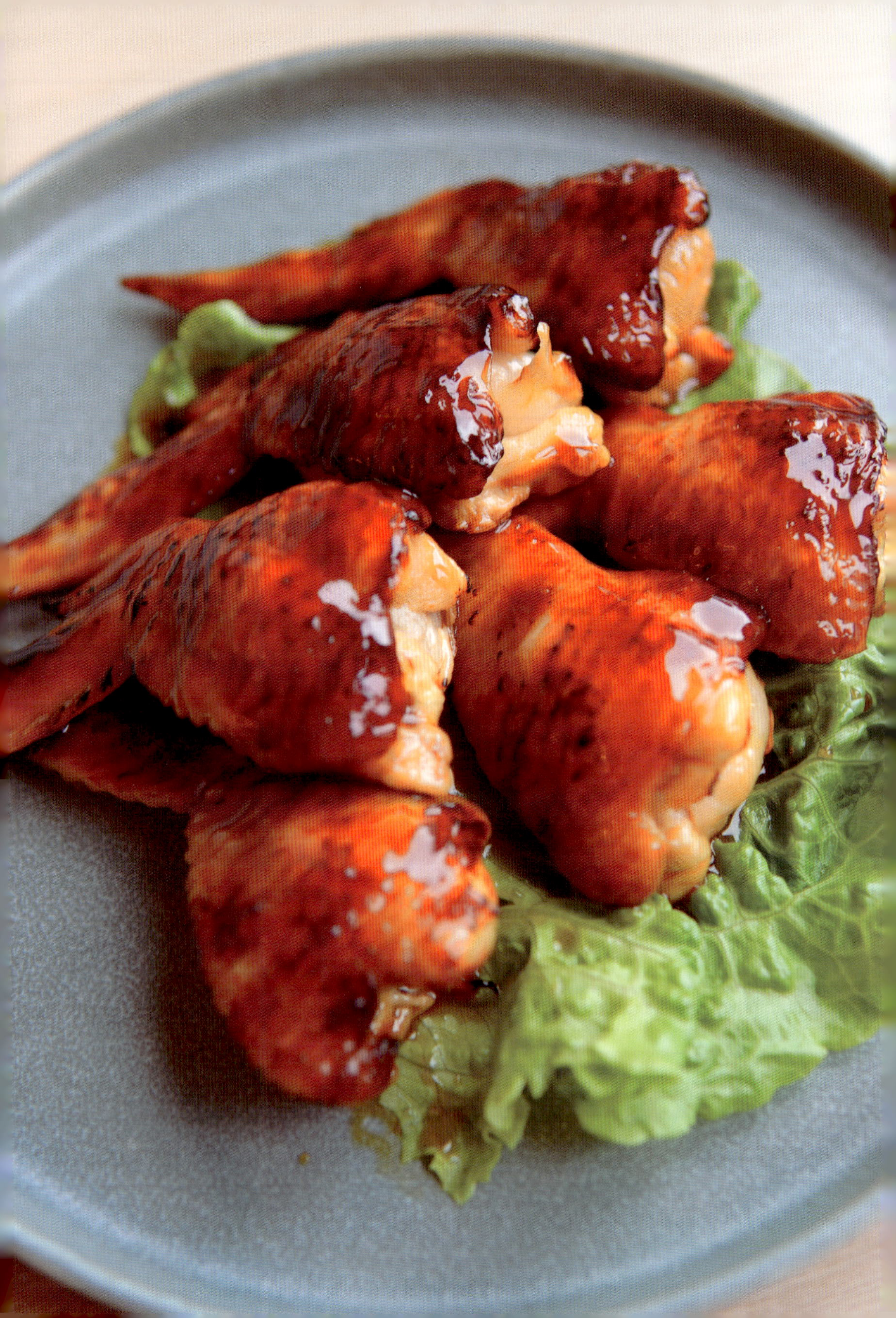

荔枝鑲雞翅

沒想到荔枝還可以這樣用吧！雞翅經過去骨處理，肉質鮮嫩多汁，而荔枝則以其天然的甜美、果香和多汁感為這道菜增添了層次感。一口咬下豐富多汁的感覺，絕對會讓人回味無窮！

材料
- 二節翅：6支
- 荔枝：6顆
- 醬油：1大匙
- 砂糖：2大匙
- 米酒：2小匙
- 胡椒粉：適量

作法
1. 二節翅折斷關節，把關節連結的筋膜剪開，將雞翅內的骨頭輕輕取出。
2. 將荔枝去皮、去核、切塊後備用。
3. 切好的荔枝塊放入雞翅中後定型。
4. 平底鍋中加入食用油，燒熱後放入雞翅，兩面煎至金黃。
5. 同鍋加入醬油、砂糖、米酒、胡椒粉和適量的水。
6. 煮至略為收汁後，即可盛盤享用。

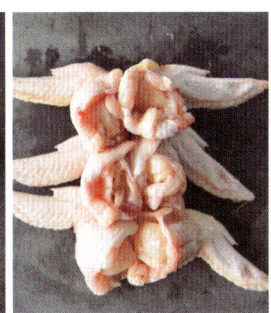

TIPS
1. 也可以用烤的方式來詮釋這道料理。
2. 雞翅去骨的過程可以用剪刀更方便進行。

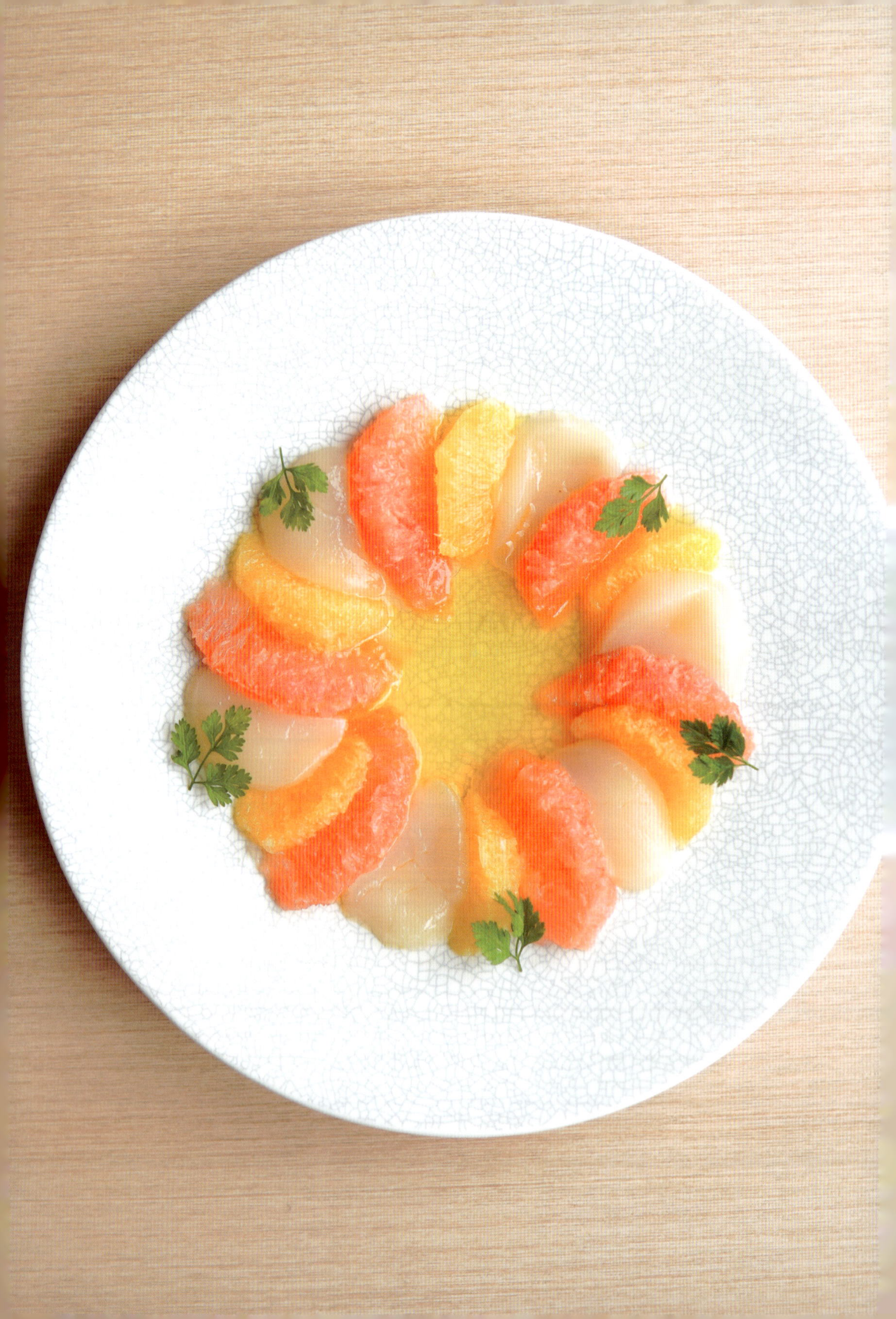

Recipe 09 糖漬柑橘生干貝

通常我會使用葡萄柚加上柳丁這個基本組合，加上檸檬一起糖蜜之後，酸甜的平衡非常迷人！干貝本身以極簡方式呈現，保留海洋的清甜風味，再搭配一點橄欖油或微酸的醋類增添層次，就會是一道精采的冷前菜！

材料

生干貝：6 顆
葡萄柚：1 顆
柳丁：1 顆
白砂糖：4 大匙
蜂蜜：1 大匙
水：300ml
橄欖油：1 小匙
肉桂：1 支
月桂葉：5 片
丁香：5g
鹽：適量
檸檬汁：1 小匙
黑胡椒：適量

作法

1. 將葡萄柚以及柳丁取出果肉去籽備用。
2. 把白砂糖和水煮加入肉桂、丁香和月桂葉煮成糖漿後，放置待冷卻。
3. 加入柳丁片和葡萄柚片讓它們浸泡 4 小時或放隔夜。
4. 把生食干貝切成片狀，並淋上橄欖油、鹽、黑胡椒備用。
5. 把干貝片平鋪擺放在盤子上，用勺子將糖漬柳丁片和葡萄柚片輕輕放在干貝上。
6. 把橄欖油、檸檬汁、蜂蜜攪拌均勻後淋在上方，擺盤完成嘍。

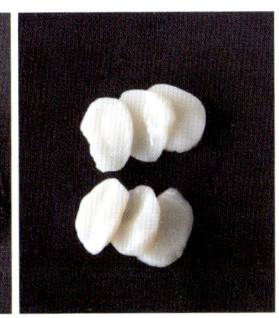

TIPS

1. 這道料理必須選用生食級的干貝。
2. 將糖漬過的葡萄柚和柳丁片放入密封容器時，表面以保鮮膜覆蓋，這樣可以更好的吸收糖漿。

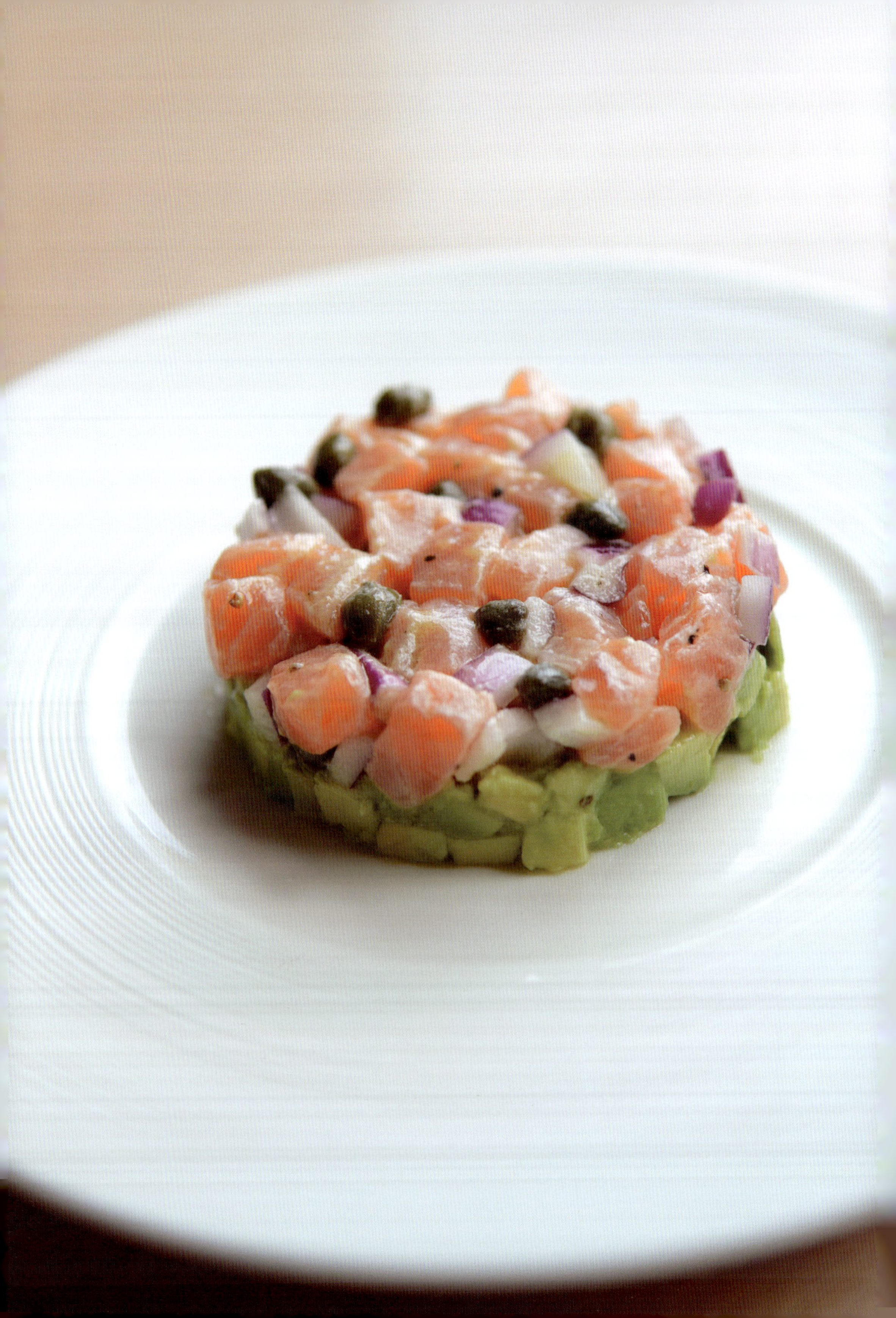

酪梨生鮭魚塔塔

結合鮮嫩鮭魚與奶油般酪梨的經典前菜，不僅可單獨享用，也可以搭配吐司一起吃。脆口的法式長棍或奶油香氣濃郁的布里歐麵包，都是絕佳的搭配選擇。將酪梨生鮭魚塔塔抹在麵包上，一口咬下，不僅能感受海洋的清甜，還能享受麵包的酥脆或鬆軟，味覺層次更加豐富。

材料

- 酪梨：1/2 顆
- 鮭魚生魚片：80g
- 酸豆：1 小匙
- 紫洋蔥：1/4 顆
- 檸檬汁：1 大匙
- 橄欖油：1 大匙
- 鹽：適量
- 黑胡椒：適量
- 巴西里：適量

作法

1. 將酪梨去皮、去核，切成小丁。加入檸檬汁、鹽和黑胡椒，輕輕拌勻，備用。
2. 將鮭魚切成小丁，與紫洋蔥丁和酸豆混合。
3. 在鮭魚混合物中加入橄欖油、檸檬汁、少許鹽和黑胡椒，攪拌均勻靜置約 5 分鐘入味。
4. 在盤中用圓形模具先放入酪梨，輕輕壓平，再將醃製好的鮭魚放在酪梨上，輕壓成型。
5. 拿掉模具，表面也可以撒上巴西里作裝飾。搭配切片的法式長棍麵包一起享用，或直接單吃也非常美味。

TIPS

1. 酪梨應選擇軟硬適中、略微柔軟但不過熟的果實，這樣才能擁有濃郁奶油般質地。
2. 若不適生食者，可直接將鮭魚切丁淋上少許橄欖油烤過後，一樣可照這方法料理。

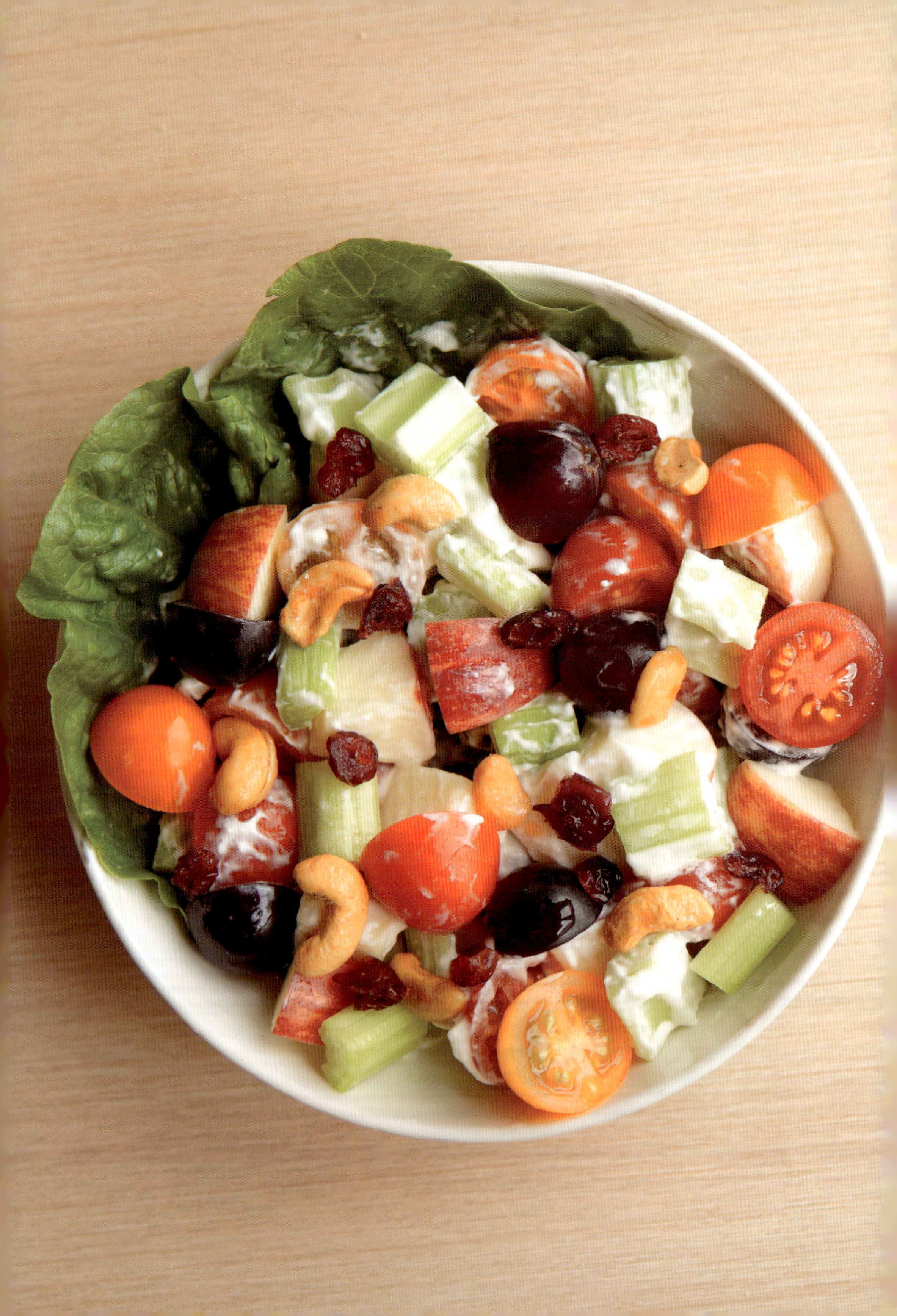

Recipe 11 華爾道夫沙拉

說到水果料理，這道經典的美式沙拉必須要出現吧！一般會選用蘋果和葡萄，但我們都在台灣這個水果寶島上了，你當然可以用任何當季的水果來加入！這個版本會以優格來作為基底，讓整體更清爽沒有負擔！

材料
- 蘋果：1 顆
- 葡萄：4 顆
- 紅、黃小番茄：各 4 顆
- 西洋芹：1 支
- 蔓越莓乾：適量
- 堅果：適量
- 生菜葉：數片
- 無糖優格：2 大匙
- 檸檬汁：1 小匙
- 蜂蜜：1 小匙
- 鹽：適量
- 黑胡椒：適量

作法
1. 蘋果洗淨去核後切成小丁，西洋芹削去表皮後也切成小丁。
2. 在一個小碗中，將優格、蜂蜜、檸檬汁混合，攪拌均勻。
3. 將蘋果丁、西洋芹、葡萄、紅黃小番茄，放入大碗中，加入鹽和黑胡椒後輕輕攪拌。
4. 將混合好的醬料倒入食材中，輕輕拌勻，確保都均勻裹上醬料。
5. 將沙拉放在生菜葉上，最後把堅果和蔓越莓乾撒上做裝飾就完成嘍。

TIPS
1. 蘋果切塊後記得立即浸泡檸檬水來防止氧化。
2. 可以選用稠度較高的希臘優格更適合這道料理。

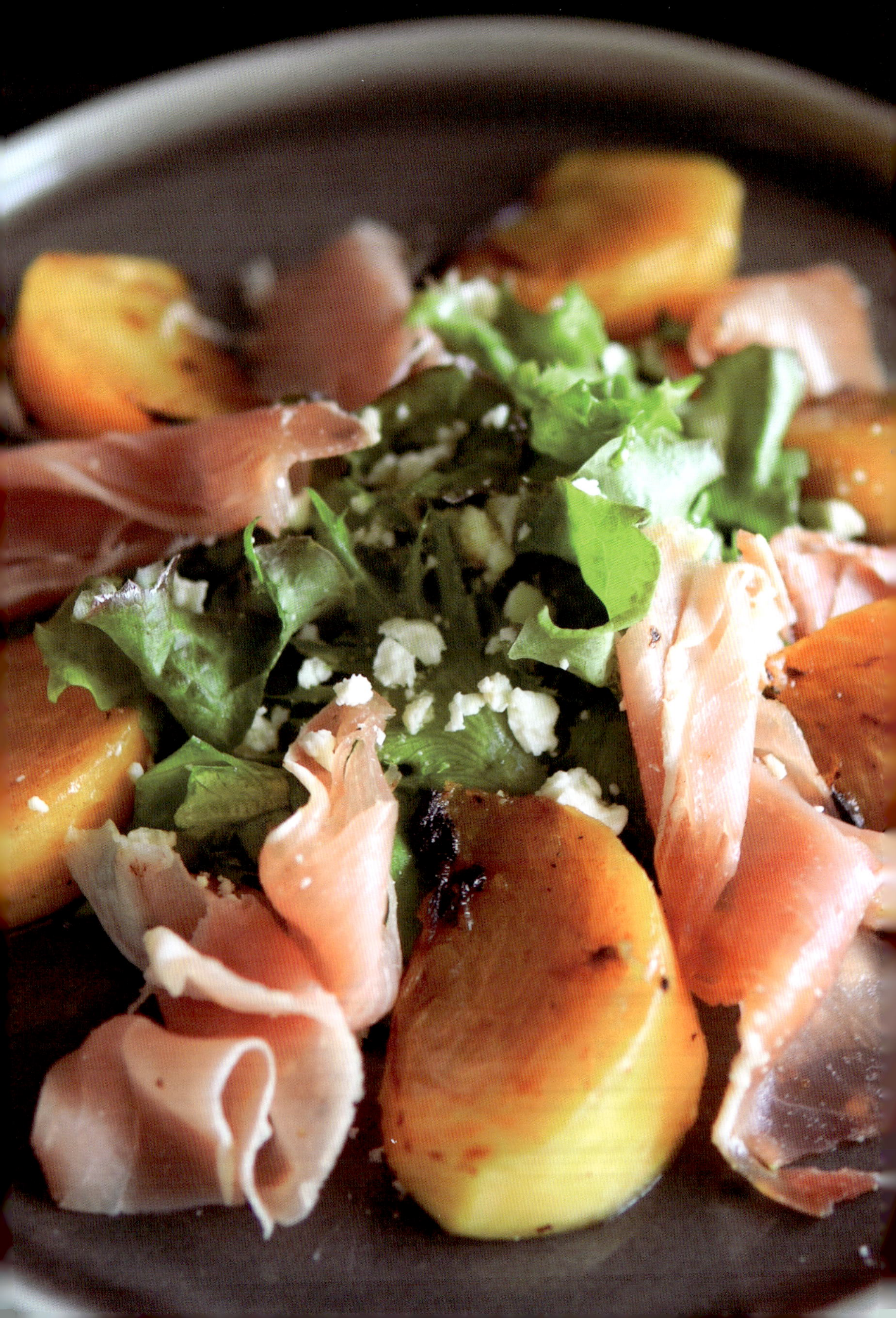

甜柿冷肉沙拉

Recipe 12

秋季的甜柿以其金黃色澤和蜜甜果香脫穎而出，果肉鮮嫩且不失清脆，為這道料理帶來與眾不同的口感，如果只是這樣搭配就略顯無趣了對吧！我們要讓柿子再過一次燒烤的手法！經過炙烤後香氣會更為出色，與冷肉的鹹香形成迷人的對比，完美展現了秋季食材的豐富層次。

材料

甜柿：1顆
帕瑪火腿：8片
生菜葉：適量
費達起司：適量
橄欖油：2大匙
紅酒醋：1大匙
蜂蜜：1小匙
鹽：適量
黑胡椒粉：適量

作法

1. 將甜柿削皮，切成小塊後淋上橄欖油、鹽和黑胡椒先炙烤過一次。
2. 生菜葉洗淨瀝乾後放入大碗中，撒上少許鹽巴和黑胡椒粉備用。
3. 在小碗中，將橄欖油、紅酒醋、蜂蜜、鹽和黑胡椒混合均勻，製作簡單的油醋醬。
4. 將調好的沙拉醬倒入沙拉中，輕輕拌勻，確保每一塊食材都均勻裹上醬料。
5. 將拌好的沙拉裝盤，排上帕瑪火腿與烤好的甜柿，最後撒上一些費達起司就好嘍！

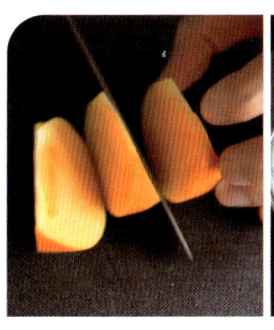

TIPS

1. 這裡選擇尚未完全熟成帶有點脆度的柿子更加合適。
2. 若沒有烤盤也可以用煎柿子的方式呈現。

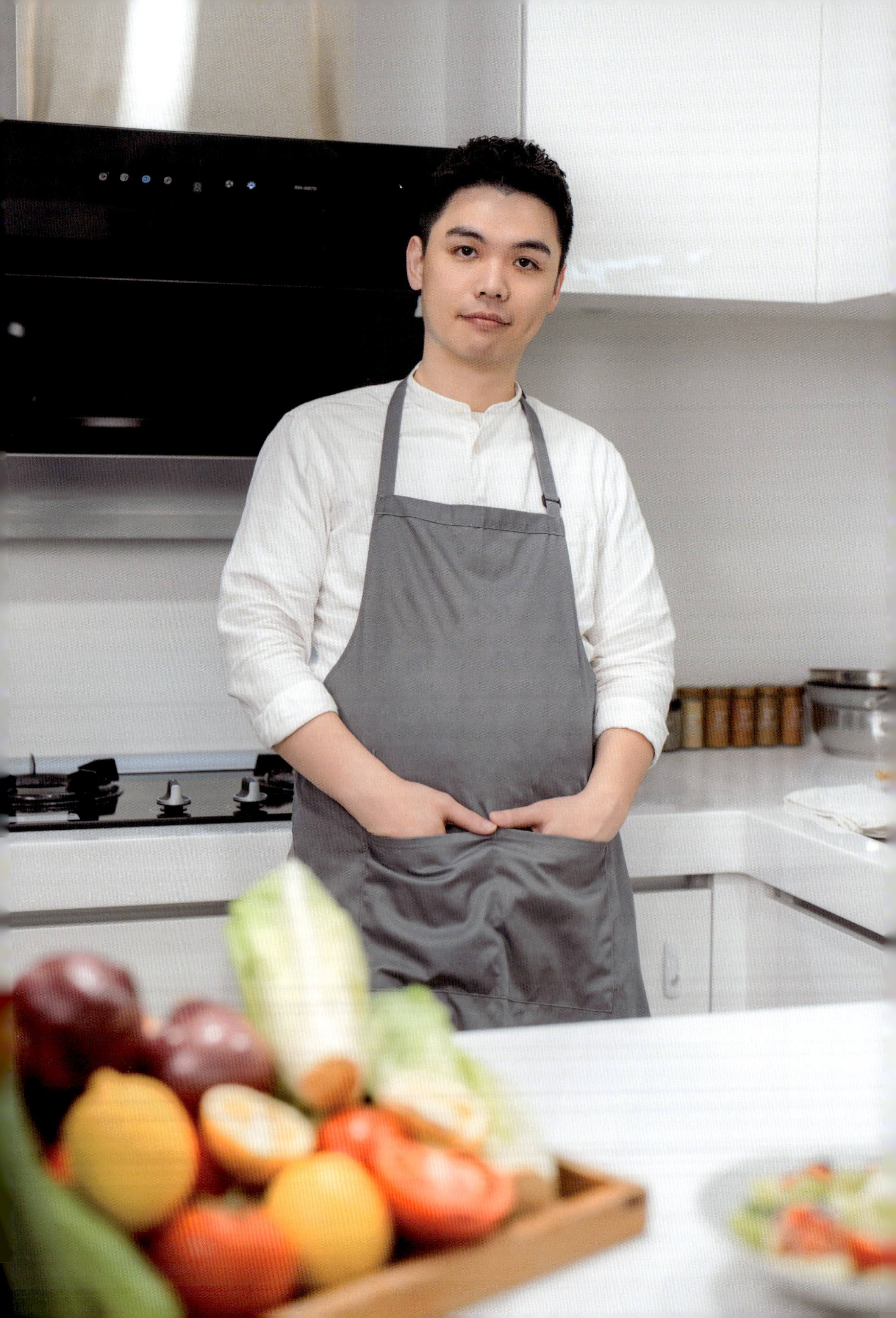

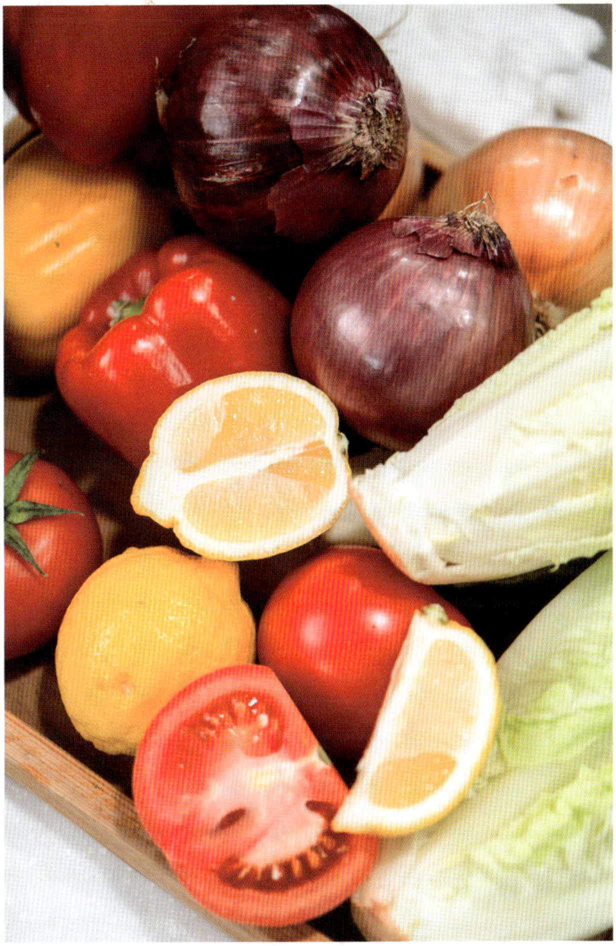

CHAPTER 6

滋味三級跳
靈魂醬汁

大家戲稱的靈魂醬汁可不是叫假的,一道料理的精髓往往在於其中的醬汁,醬汁的製作並不一定複雜。根據不同的食材和菜式,我們可以調配出許多既簡單又令人驚豔的醬汁,醬汁的應用上也有很多層面,它能改變食物的風味和口感。平時也可以常備在冰箱中保存,隨手可得的讓每一餐都充滿驚喜。最重要的是,比起架上琳瑯滿目的商品,親手做出來醬汁,每個原物料都在你的掌握之中,也吃得更安心!

① 檸檬油醋：檸檬油醋拌海鮮

② 南蠻漬醬：雞絲南蠻漬

③ 韓式蘋果辣醬：佐鹽烤松阪豬

④ 咖哩優格醬：咖哩優格蘆筍蝦

⑤ 花生芝麻醬：台式麻醬涼麵

⑥ 怪味醬：怪味口水雞

⑦ 阿根廷青醬：佐經典牛排

⑧ 芒果莎莎醬：芒果莎莎醬玉米片

⑨ 日式塔塔醬：佐唐揚雞

⑩ 柑橘橙醋：佐魚肉涮涮鍋

⑪ 黃身醋：冷筍黃身醋沙拉

⑫ 台式青醬：佐白灼五花肉

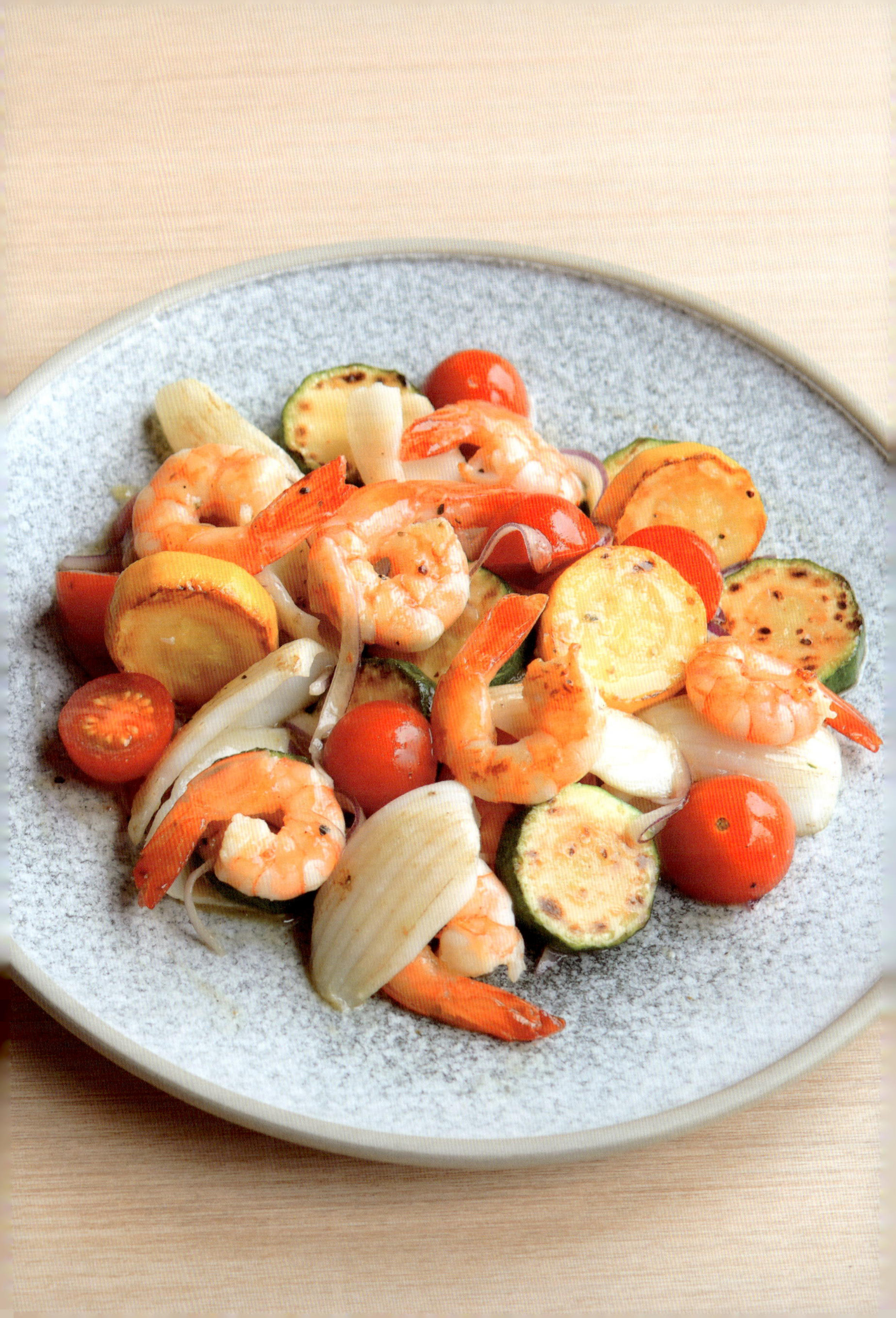

Recipe 01

檸檬油醋：檸檬油醋拌海鮮

一種簡單、清新的調味醬汁，常用於沙拉、燒烤蔬菜、海鮮或雞肉等料理上。檸檬具有清新的香氣和獨特的酸味，能夠激發食材的天然味道。橄欖油則能提供豐富的油脂，增加料理的圓潤感，讓整道菜更加爽口。

材料
橄欖油：200ml
新鮮檸檬汁：100ml
蜂蜜：1 大匙
法式芥末醬：1 小匙
鹽：適量
黑胡椒：適量
檸檬皮：適量

作法
1. 碗中混合橄欖油、新鮮檸檬汁、蜂蜜、檸檬皮、法式芥末醬、鹽和黑胡椒。
2. 用均質機或小型攪拌器攪拌至乳化為止。
3. 調整味道，依個人口味增減檸檬汁、鹽或蜂蜜的比例。
4. 倒入乾淨的玻璃瓶中保存，建議冷藏存放，並於一週內使用完畢。
5. 搭配鹽烤或用香煎的海鮮簡直是絕配！

TIPS
1. 如果法式芥末醬不好買，用一般黃芥末替代也可以。
2. 用手持打蛋器混合均勻也可以，即便沒有完全乳化也不影響風味。

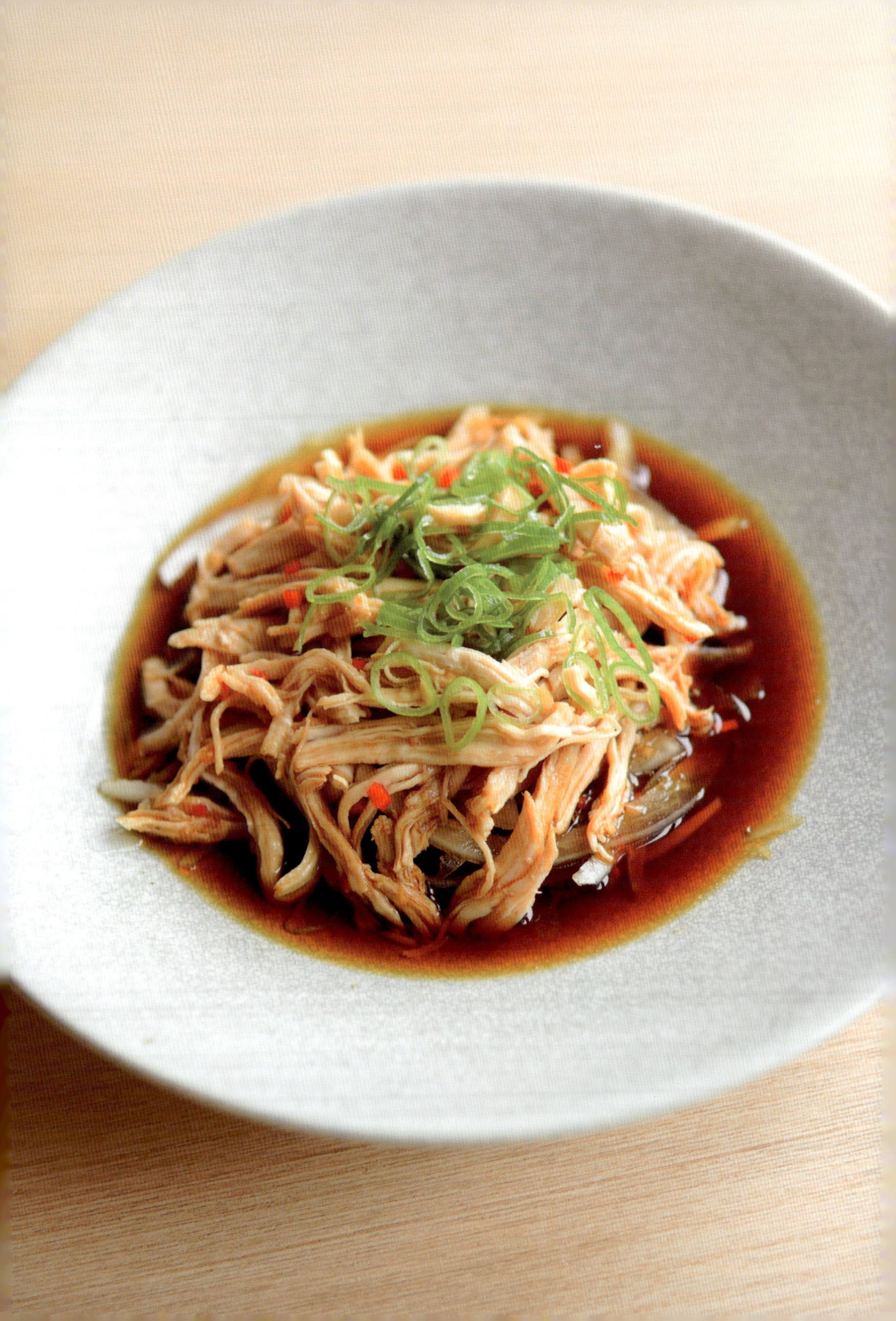

Recipe 02 南蠻漬醬：雞絲南蠻漬

南蠻漬醬的調味方法是由日本傳入，融合了日本食材的元素，並常見於日式料理中。有著濃郁的酸甜口感，具有非常獨特的風味。最常用的食材是魚肉、雞肉，甚至是蔬菜，這些食材會在調味液中浸泡一段時間，讓其吸收酸甜的味道，提升口感的層次。

材料
洋蔥：1/2 顆
蒜頭：2 瓣
薑末：1 大匙
青蔥：1 支
辣椒：1 支

調味料
醬油：3 大匙
白醋：2 大匙
砂糖：3 大匙
香油：適量

作法
1 洋蔥切絲，蒜頭和薑切末，青蔥和辣椒切碎備用。
2 鍋中加入適量油，爆香蒜末、辣椒與薑末。
3 加入所有調味料後煮滾取出放涼。
4 取一容器放入洋蔥後倒入煮好的醬汁。
5 將蒸熟的雞胸肉剝絲後，放入一同醃漬過夜就完成嘍。
6 享用時可撒上蔥花，一起品嚐。

TIPS
1 以鯖魚來浸泡也是常見的做法。
2 這邊一起浸泡的生洋蔥，不需再泡冰水，保留原始的辛香風味一起浸泡到醬汁中。

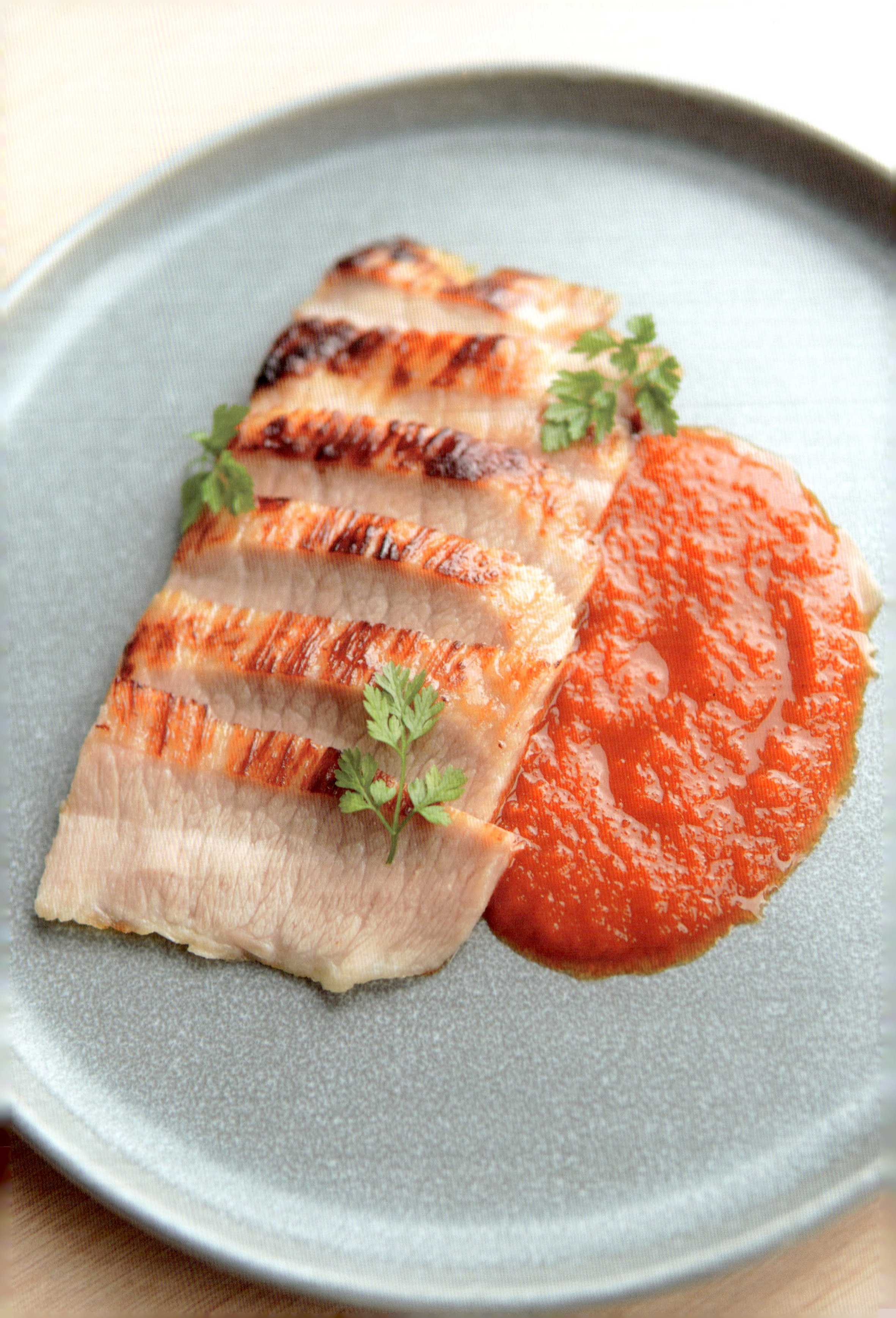

Recipe 03 韓式蘋果辣醬：佐鹽烤松阪豬

將韓式辣椒醬與蘋果的天然甜味相結合，創造出酸、甜、辣三者平衡的醬料。這款醬料通常用來搭配烤肉、炸物，風味新穎且極具韓式特色。蘋果提供了天然的果糖，帶來輕微的甜味，而韓式辣椒醬的辣味則增加了深度和層次。這樣的組合讓醬料的味道不會單調，甜辣的口感既能刺激味蕾，又不過於強烈。這款蘋果辣醬的用途非常廣泛。它可以作為韓式烤肉的蘸醬，特別是搭配烤雞、烤牛肉或燒肉等，能夠帶出食材的鮮美風味。

材料

- 蘋果：1顆
- 韓式辣椒醬：2大匙
- 味醂：5大匙
- 醬油：1大匙
- 糖：2大匙
- 麻油：1大匙
- 味噌：1小匙
- 水：3大匙

作法

1. 蘋果去皮去核後切塊備用。
2. 把蘋果、水和味醂放入果汁機中一起攪打成泥狀。
3. 鍋中加入蘋果泥、韓式辣椒醬、糖、麻油、味噌、醬油，加熱並攪拌均勻，煮沸後轉小火煮1～2分鐘，讓味道融合。
4. 完成後關火，將韓式蘋果辣醬放涼裝入擠醬瓶即完成。
5. 搭配鹽烤松阪豬非常合適。

TIPS

1. 可以依照可接受的辣度調整韓式辣醬的多寡。
2. 做好的蘋果辣醬可以放置在冰箱中靜置幾小時或過夜，讓味道更能融合。

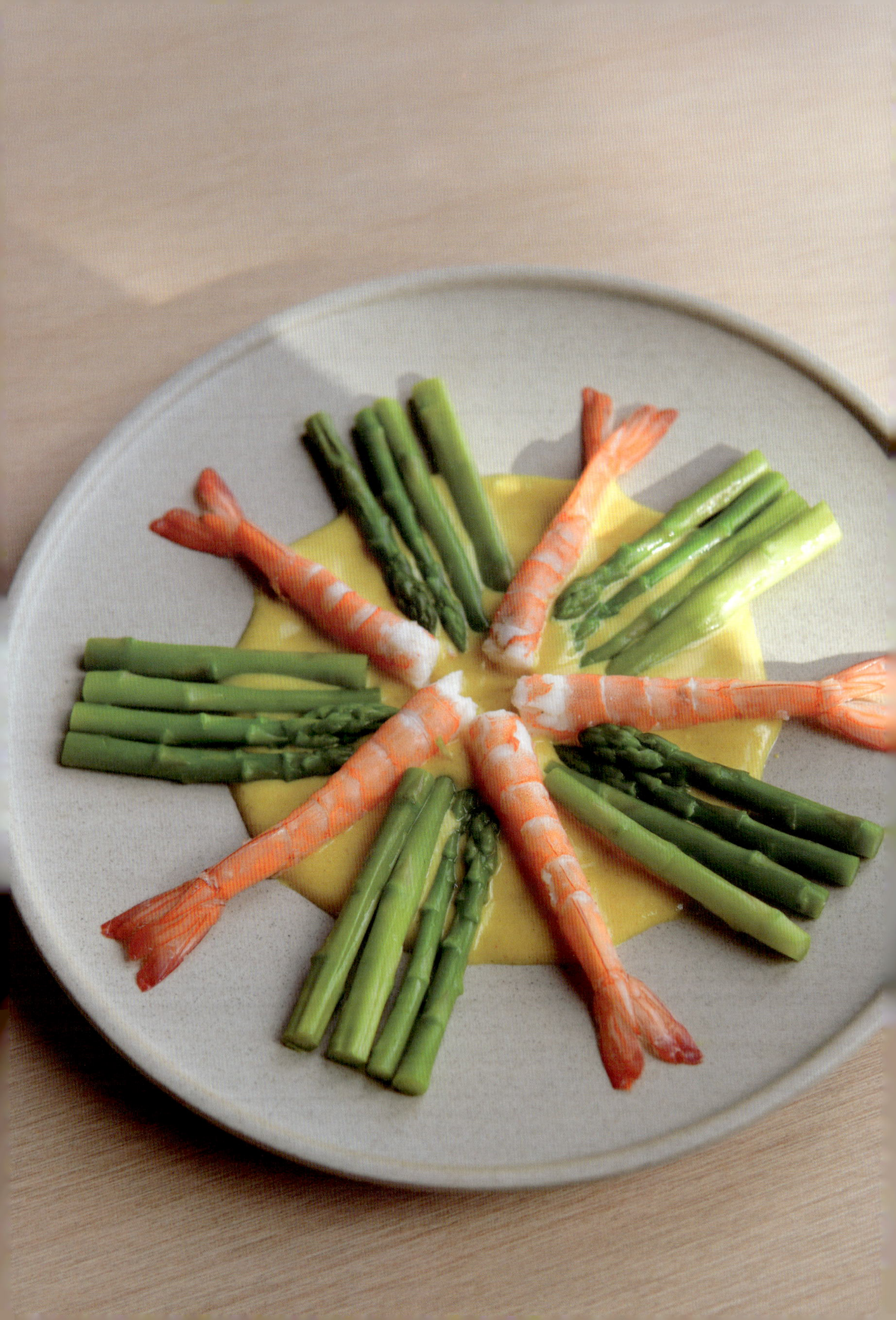

Recipe 04 咖哩優格醬：咖哩優格蘆筍蝦

一款融合濃郁香料和清爽乳製品的醬料，將咖哩粉的香辣和優格的醇厚結合，帶來獨特的風味。這款醬料的口感層次豐富，香氣濃郁，既有咖哩的辛辣，又有優格的滑順，是一道多用途的調味醬，適合搭配多種料理。

材料
- 原味無糖優格：1 杯
- 咖哩粉：1 小匙
- 檸檬汁：1 小匙
- 蜂蜜：2 大匙
- 黃芥末：1 大匙
- 糖：適量

作法
1. 在碗中加入優格、咖哩粉、檸檬汁、蜂蜜、黃芥末攪拌均勻。
2. 根據個人口味加入糖調整味道。
3. 將醬料攪拌至光滑均勻，若醬料太濃稠，可加入少許水調整濃稠度。
4. 將蘆筍和蝦子汆燙後搭配這個醬汁，就是一道經典的前菜。

TIPS
1. 咖哩粉以常見的印度咖哩粉為首選。
2. 選擇濃稠的希臘式優格。這樣能讓醬料更加緻密，容易附著在食物表面。

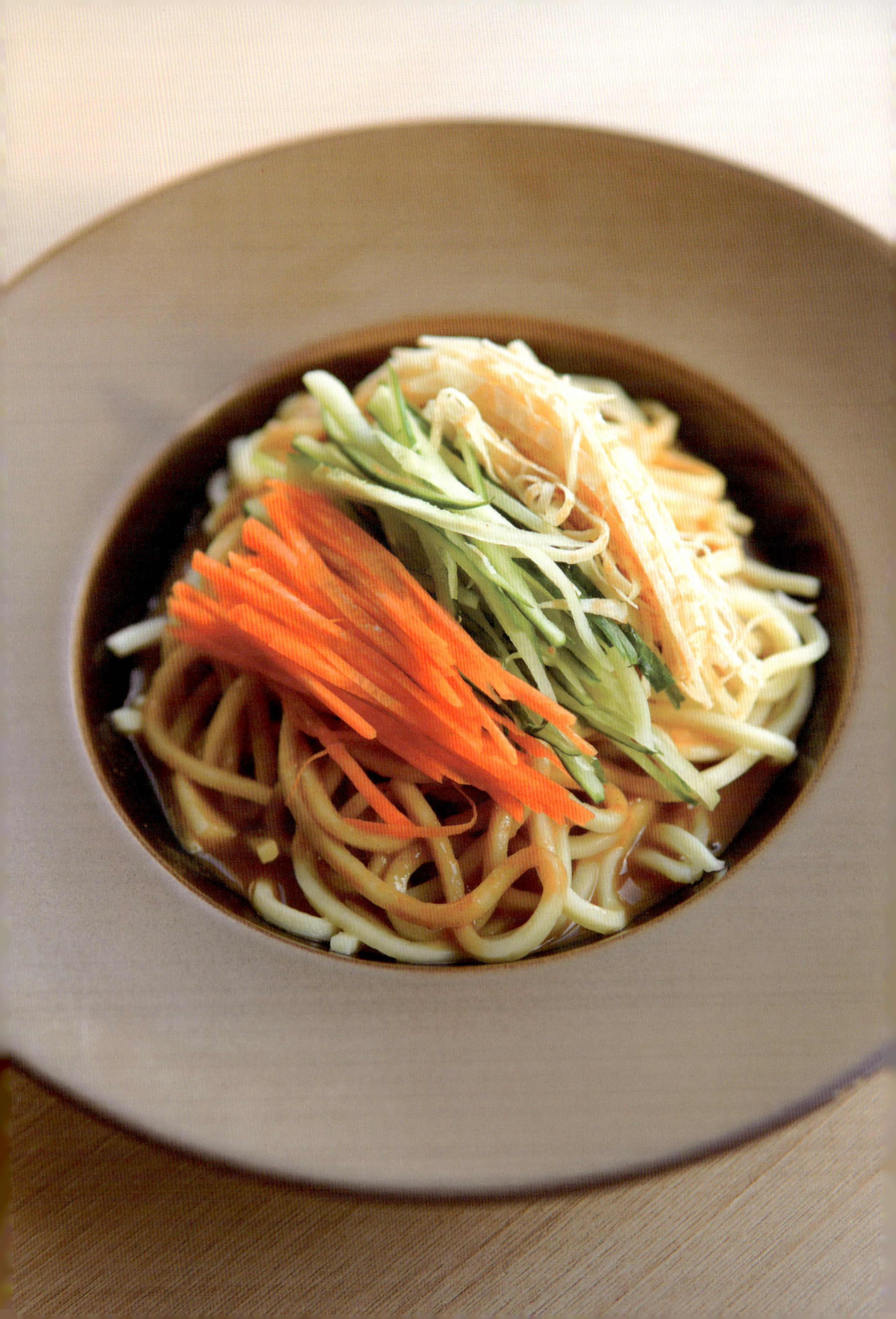

Recipe 05 花生芝麻醬：台式麻醬涼麵

將花生和芝麻的香濃風味融合在一起，創造出既有堅果香又有芝麻香的豐富口感。這種結合不僅能提升醬料的層次感，還能提供更豐富的營養價值，成為各種料理的絕佳調味料，讓風味更加均衡。

材料
- 花生醬：1 大匙
- 芝麻醬：2 大匙
- 醬油：1 大匙
- 醬油膏：1 大匙
- 烏醋：1 大匙
- 蒜頭：1 瓣
- 辣油：1 小匙
- 水：2 大匙
- 白芝麻：適量

作法
1. 蒜頭切成細末備用。
2. 在碗中混合花生醬、芝麻醬、醬油、醬油膏、烏醋、辣油和蒜末。
3. 用湯匙攪拌均勻，慢慢加入水，調整到適合的濃稠度（如較稠可加入更多水，若喜歡濃郁口感則可少加水）。
4. 攪拌完成後即可裝罐放入冰箱。
5. 將煮熟的麵條放涼，淋上醬汁搭配一點蛋絲、小黃瓜絲、紅蘿蔔絲和白芝麻，經典的花生芝麻涼麵就完成了。

TIPS
1. 花生芝麻醬的濃稠度需要根據用途調整。如果醬料太濃，可以加入適量的飲用水進行稀釋。
2. 若不吃辣，可將辣油改成香油。

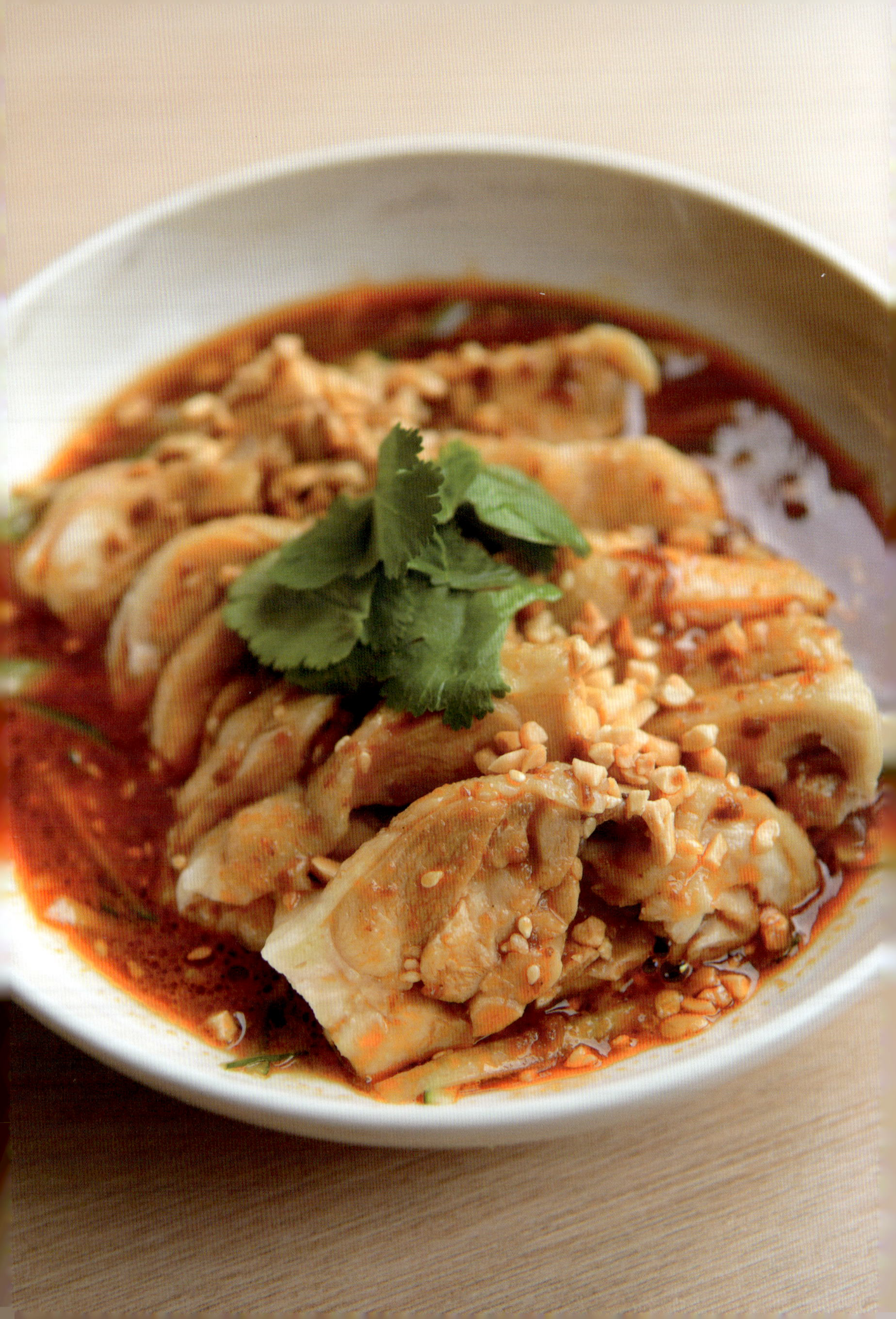

Recipe 06 怪味醬：怪味口水雞

一款來自四川的經典調味醬，以其多層次、複雜的口味而聞名。怪味口水醬常用於涼拌菜或拌麵，不僅能提升食物的味道，還能激發食欲，讓人一吃就停不下來。這款醬料的獨特風味使它成為四川料理中不可或缺的調味寶典，無論搭配雞肉、豆腐還是蔬菜，都能瞬間提升菜肴的層次感。

材料
- 芝麻醬：3 大匙
- 白醋：1 大匙
- 烏醋：1 大匙
- 花椒油：1 大匙
- 醬油膏：3 大匙
- 砂糖：2 大匙
- 辣油：1 大匙
- 薑末：1 大匙
- 蒜頭：1 大匙
- 花生碎：適量
- 白芝麻：適量
- 開水：適量

作法
1. 將蒜頭切成細末，薑切成細末備用。
2. 在碗中混合所有材料。
3. 用湯匙攪拌均勻，慢慢加入水，調整到適合的濃稠度（如較稠可加入更多水，若喜歡濃郁口感則可少加水）。
4. 攪拌完成後即可裝罐放入冰箱。
5. 可選雞腿肉或雞胸肉燙熟後放冷切好裝盤，淋上醬汁即可完成。

TIPS
1. 可以在最後再加入辣油呈現更有層次的醬汁感。
2. 如果使用花生碎或香菜，建議在食用前加入保留更多香氣。

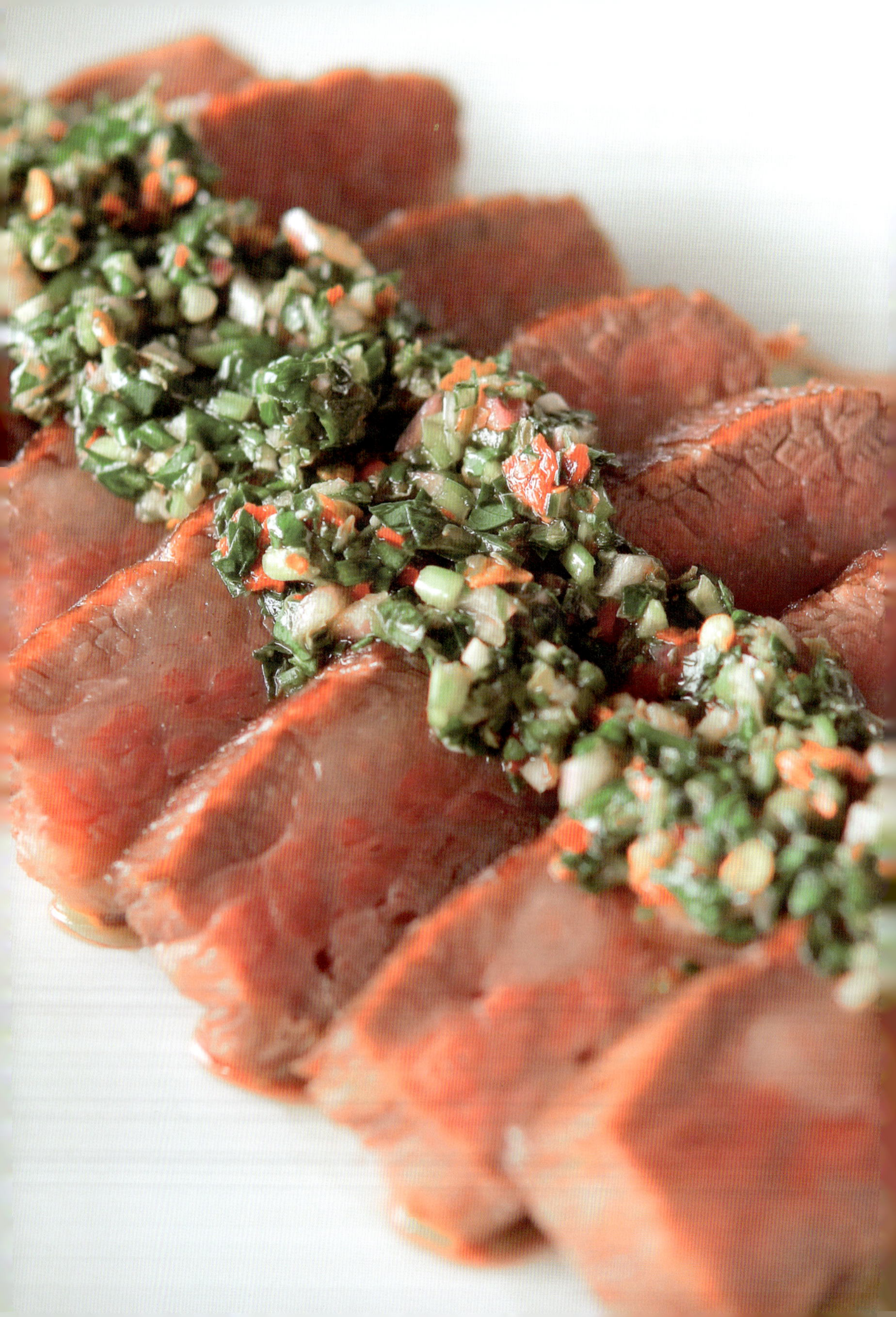

Recipe 07 阿根廷青醬：佐經典牛排

源自阿根廷的經典調味醬，廣泛用於烤肉或燒烤菜肴中，尤其是與阿根廷著名的烤肉（Asado）搭配使用。這款醬料以其新鮮、草本和微酸的風味而聞名，成為阿根廷料理中的代表之一。由於其清爽的口感，是在炎熱的夏季，作為開胃菜或搭配輕食享用的最佳選擇。

材料
- 香菜：1 大匙
- 歐芹：1 大匙
- 蒜頭：3 瓣
- 紫洋蔥：1/4 顆
- 乾辣椒碎：1 小匙
- 紅酒醋：1 大匙
- 橄欖油：3 大匙
- 鹽：1 小匙
- 黑胡椒：1/2 小匙
- 奧勒岡：1 茶匙

作法
1. 將香菜、歐芹、蒜頭、紫洋蔥切成細末，以及乾辣椒碎一同放入碗中。
2. 加入紅酒醋、橄欖油、鹽、黑胡椒汁攪拌均勻。若有使用奧勒岡，也可以在這一步驟中加入混合攪拌。
3. 醬汁靜置約 30 分鐘，讓香料的味道充分融合。
4. 可根據需要調整鹽或酸味，完成後倒入瓶中，可冷藏保存約一週。
5. 將煎好的牛排淋上這個醬汁，就是一道經典的阿根廷牛排。

TIPS
1. 以手工切碎的質地會比用機器打碎的更合適。
2. 新鮮香草洗淨之後，等待充分晾乾再切碎，形狀顏色都會更漂亮。

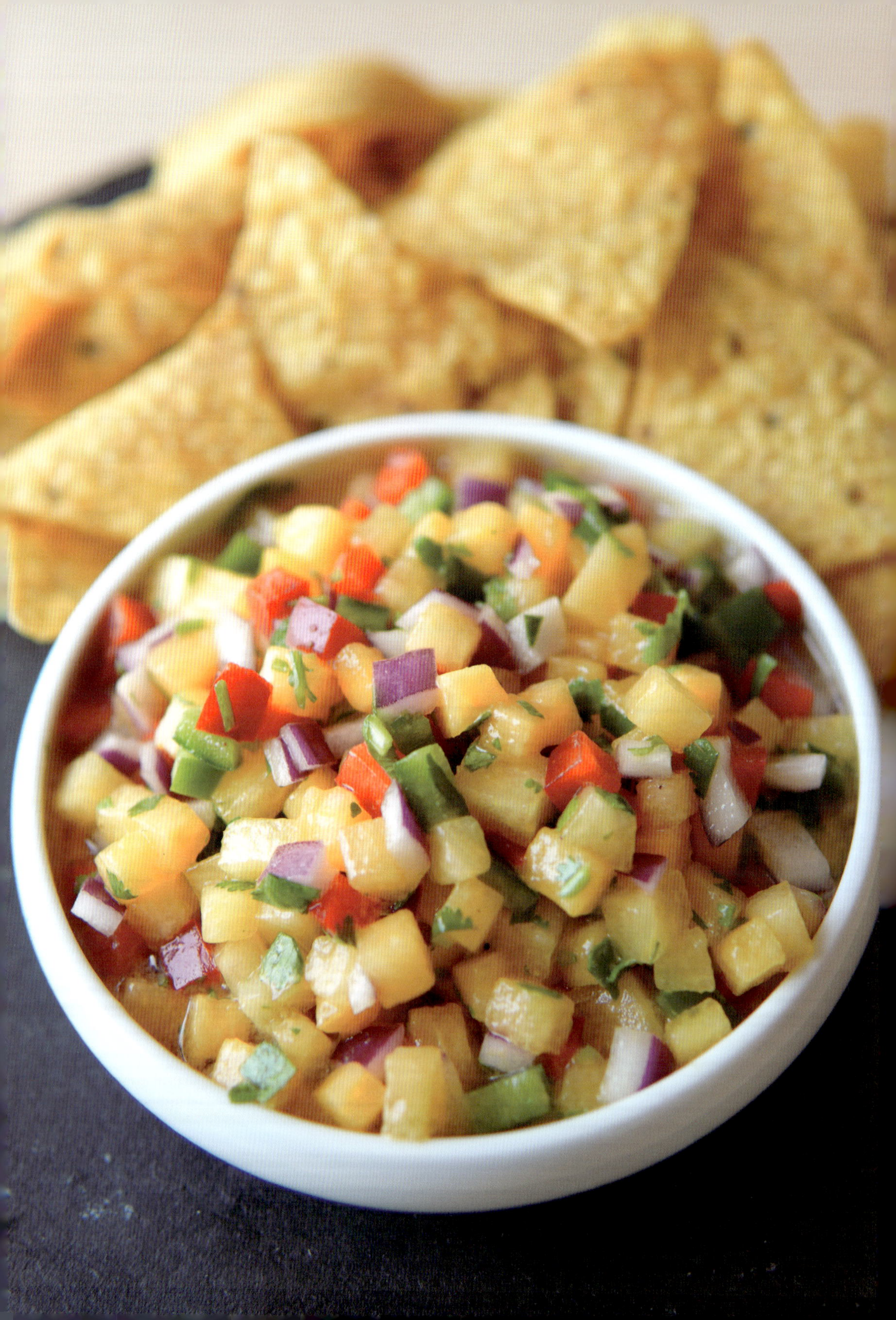

Recipe 08 芒果莎莎醬：芒果莎莎醬玉米片

充滿熱帶風味的醬料，以芒果為主要基底加上檸檬汁，融合新鮮水果的酸甜以及香料的微辣，為各種料理帶來清爽的口感。這款莎莎醬的最大特色是它非常適合作為燒烤、海鮮、炸物或烤肉的搭配醬料。

材料
- 芒果：1/2 顆
- 辣椒：1 條
- 紫洋蔥：1/4 顆
- 青椒：1/4 顆
- 香菜：2 大匙
- 紅椒：1/2 顆
- 新鮮檸檬汁：1 大匙
- 橄欖油：2 大匙
- 蜂蜜：1 大匙
- 鹽：適量
- 黑胡椒：適量

作法
1. 芒果、辣椒、青椒、紫洋蔥、紅椒切丁，香菜切成末，再將所有食材放入大碗中。
2. 加入新鮮檸檬汁、橄欖油和蜂蜜攪拌均勻。
3. 根據口味加入鹽和黑胡椒調味。
4. 攪拌均勻後，莎莎醬靜置 10～15 分鐘，讓所有味道融合即可完成。
5. 直接用市售的玉米片來搭配就是絕佳的派對小點。

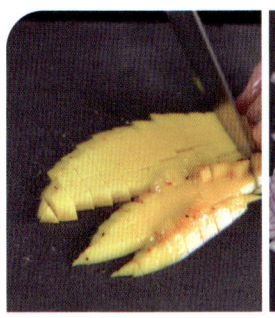

TIPS
1. 選用本地的金煌芒果可以更輕鬆完成。
2. 做好的莎莎醬冷藏一段時間，可以讓所有的味道融合得更加均勻。

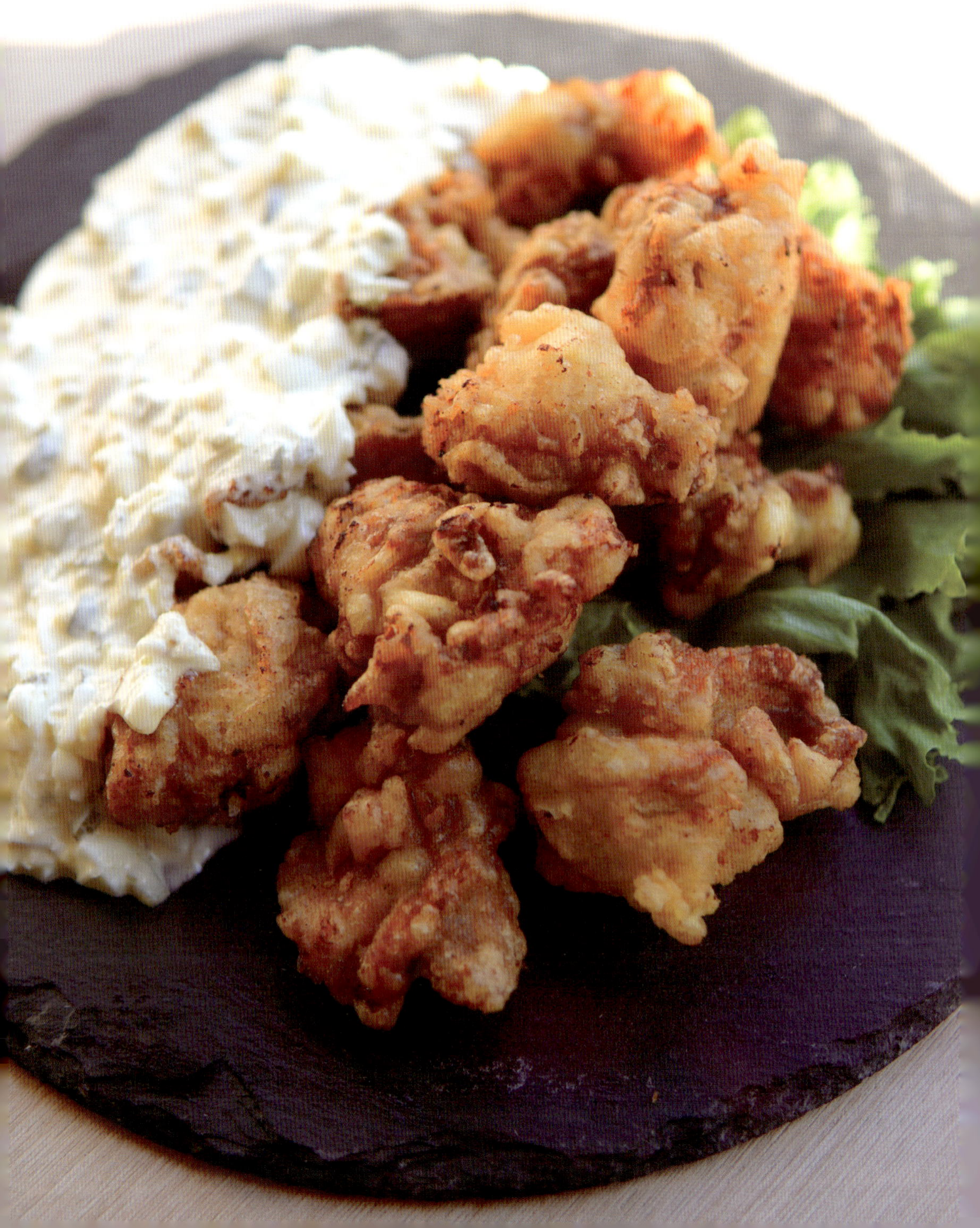

日式塔塔醬：佐唐揚雞

經典的塔塔醬改由日式美乃滋帶出的版本，濃郁的美乃滋當作基底，再加上其他酸爽開胃的元素，風味獨特清新。搭配炸雞塊炸魚排之類的炸物料理非常適合，做好之後放在冰箱，連買鹹鹽酥雞回來配都超過癮欸！

材料

雞蛋：2 顆
洋蔥：1/4 顆
醃漬酸黃瓜：2 根
日式美乃滋：4 大匙
黃芥末：1 小匙
新鮮檸檬汁：1 小匙
砂糖：1 小匙
鹽：適量
黑胡椒：適量

作法

1. 將雞蛋煮熟後剝殼，將蛋黃和蛋白分開備用。
2. 洋蔥切末，用冷水沖洗後瀝乾，避免過嗆。
3. 將蛋白切碎，醃漬酸黃瓜切成細末。
4. 在碗中把蛋黃攪碎，加入日式美乃滋、黃芥末、新鮮檸檬汁和砂糖攪拌均勻。
5. 加入蛋白丁、洋蔥末和酸黃瓜末，充分拌勻。
6. 加鹽與黑胡椒調味，即可使用。
7. 搭配炸好的日式唐揚雞就是一道絕讚的料理。

TIPS

1 市售的日式美乃滋皆可使用。
2 醃漬酸黃瓜、洋蔥、蛋白等切丁時，保持大小一致，既美觀，也讓味道更加均衡。

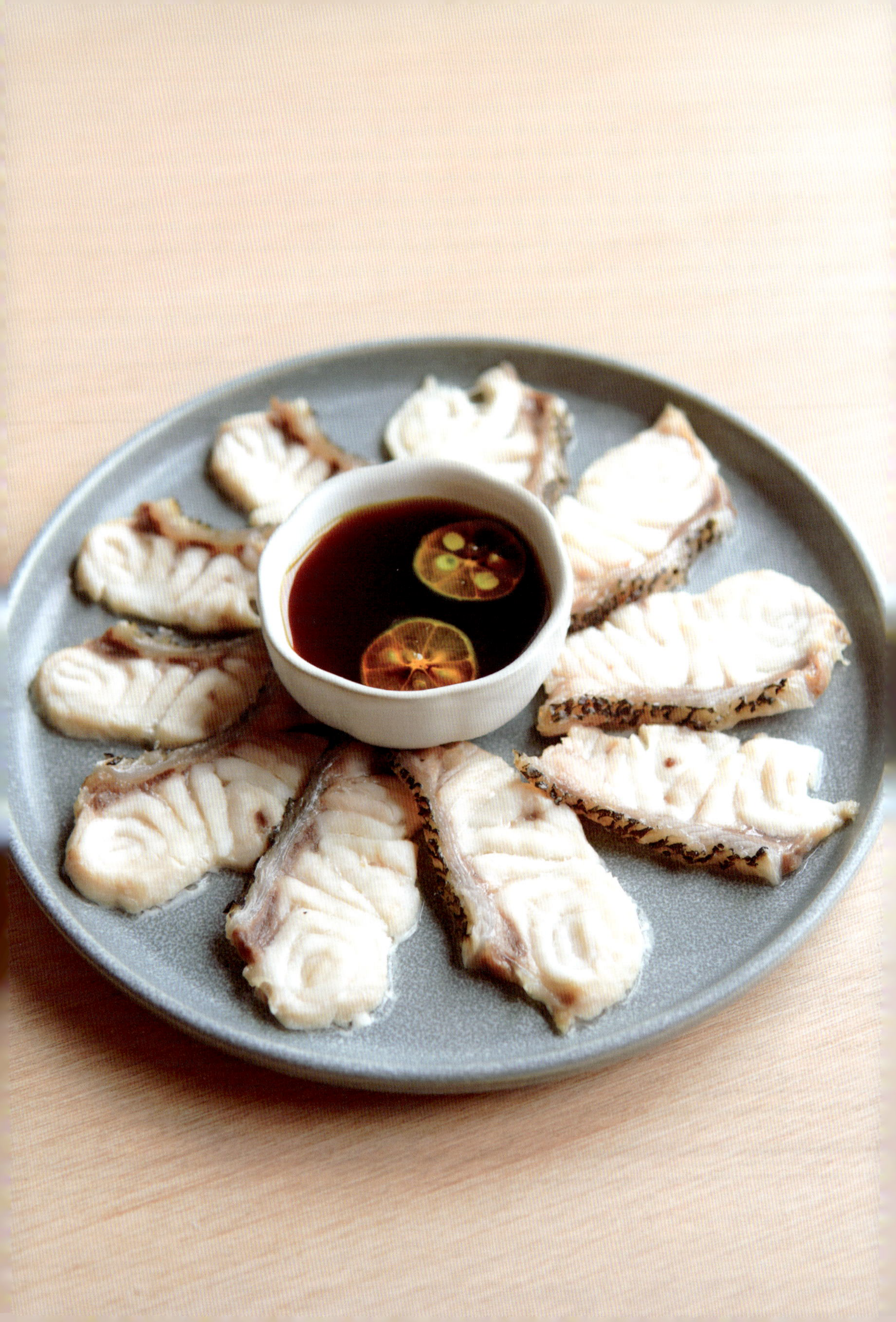

Recipe 10 柑橘橙醋：佐魚肉涮涮鍋

在日本料理店常常會品嘗到的醬汁，通常稱為橙醋「ポン酢」，但其實就像本書分享的觀念，它也不一定要用日本的食材才能製作，這其實非常方便在家裡就可以調配出來，在家晚餐瞬間就有吃日本料理的高級感呢！

材料
- 新鮮柳橙汁：1 大匙
- 新鮮檸檬汁：1 大匙
- 新鮮金桔汁：1 大匙
- 醬油：3 大匙
- 白醋：6 大匙
- 糖：30g
- 粗柴魚片：適量

作法
1. 將白醋、醬油、糖一同放入鍋中煮滾後關火。
2. 持續攪拌至均勻融化。
3. 放入柴魚片以及柳橙汁、檸檬汁、金桔汁浸泡 15 分鐘。
4. 放涼後將其過濾倒入玻璃瓶中保存，使用前充分搖勻即可。
5. 搭配生魚片或是火鍋汆燙的魚片尤其適合。

TIPS
1. 柑橘因季節酸度不同，可以依個人喜好加入少許糖來調配。
2. 也可以使用原汁含量高的果汁來完成。

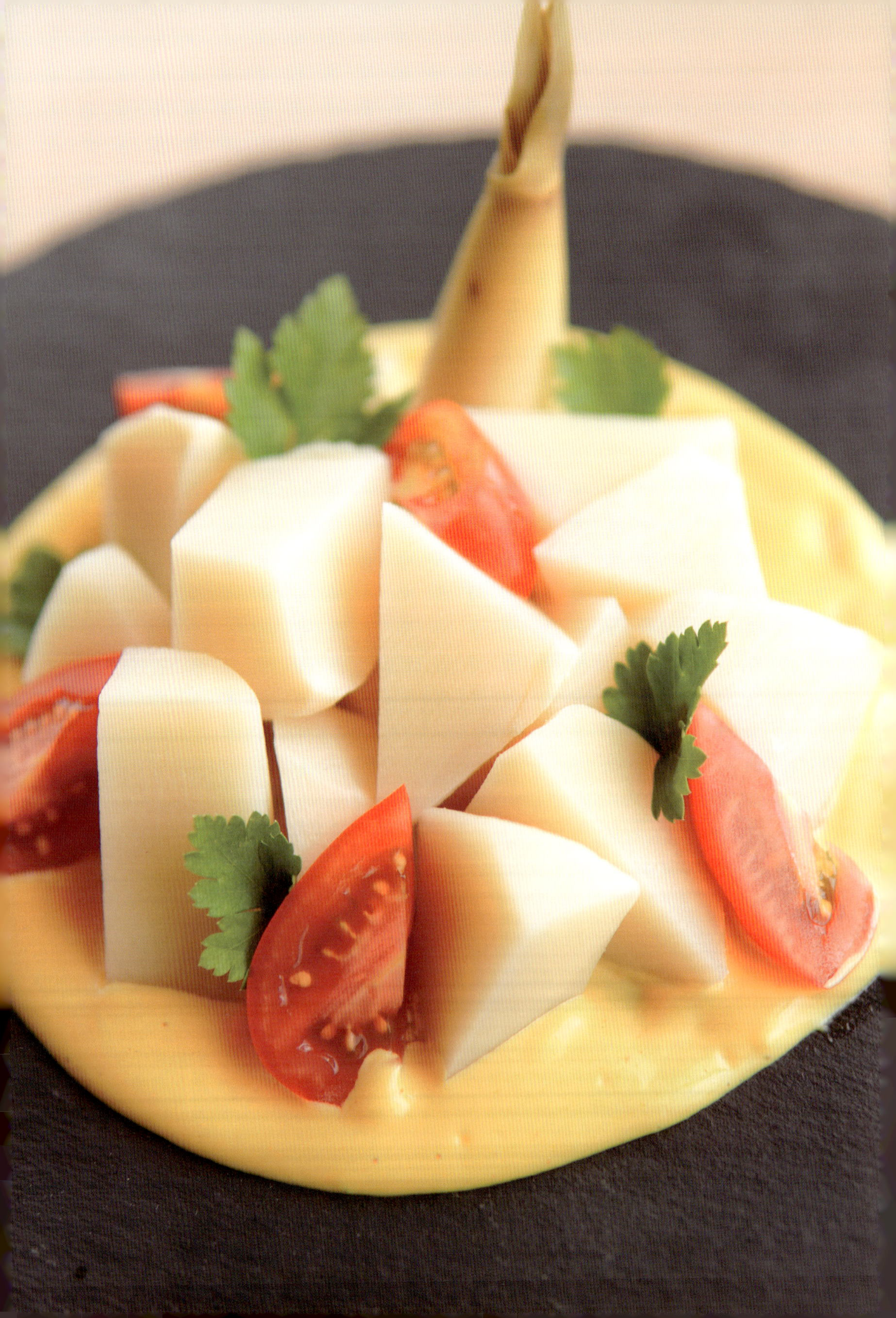

Recipe 11
黃身醋：冷筍黃身醋沙拉

名字也是日文翻譯過來的，但其實我更喜歡另一個說法，「無油沙拉醬」。

沒錯！可以直接想像這就是一種一滴油都不加的沙拉醬，一樣提供了綿密濃郁的口感，所以只要是可以蘸沙拉的東西都會和它合得來，對減脂期的朋友來說非常友善呢！

材料
蛋黃：5顆
味醂：4大匙
蘋果醋：4大匙
糖：1大匙

作法
1. 將蛋黃放入耐熱碗中，加入味醂、糖和蘋果醋，用打蛋器攪拌均勻。
2. 在大鍋中加入熱水，以隔水加熱的方式放入耐熱碗並持續攪拌。
3. 等到蛋黃慢慢凝固稠化的時候即可起鍋。
4. 最後再用細篩網過濾就完成嘍！
5. 這個清爽無負擔的「無油沙拉醬」，只要是原本搭配沙拉醬的料理都很合適！

TIPS
1. 加熱的過程要注意操作完成後的餘溫也會持續加熱。
2. 選用高品質的新鮮雞蛋請事先置於室溫，這有助於混合時更加順滑。

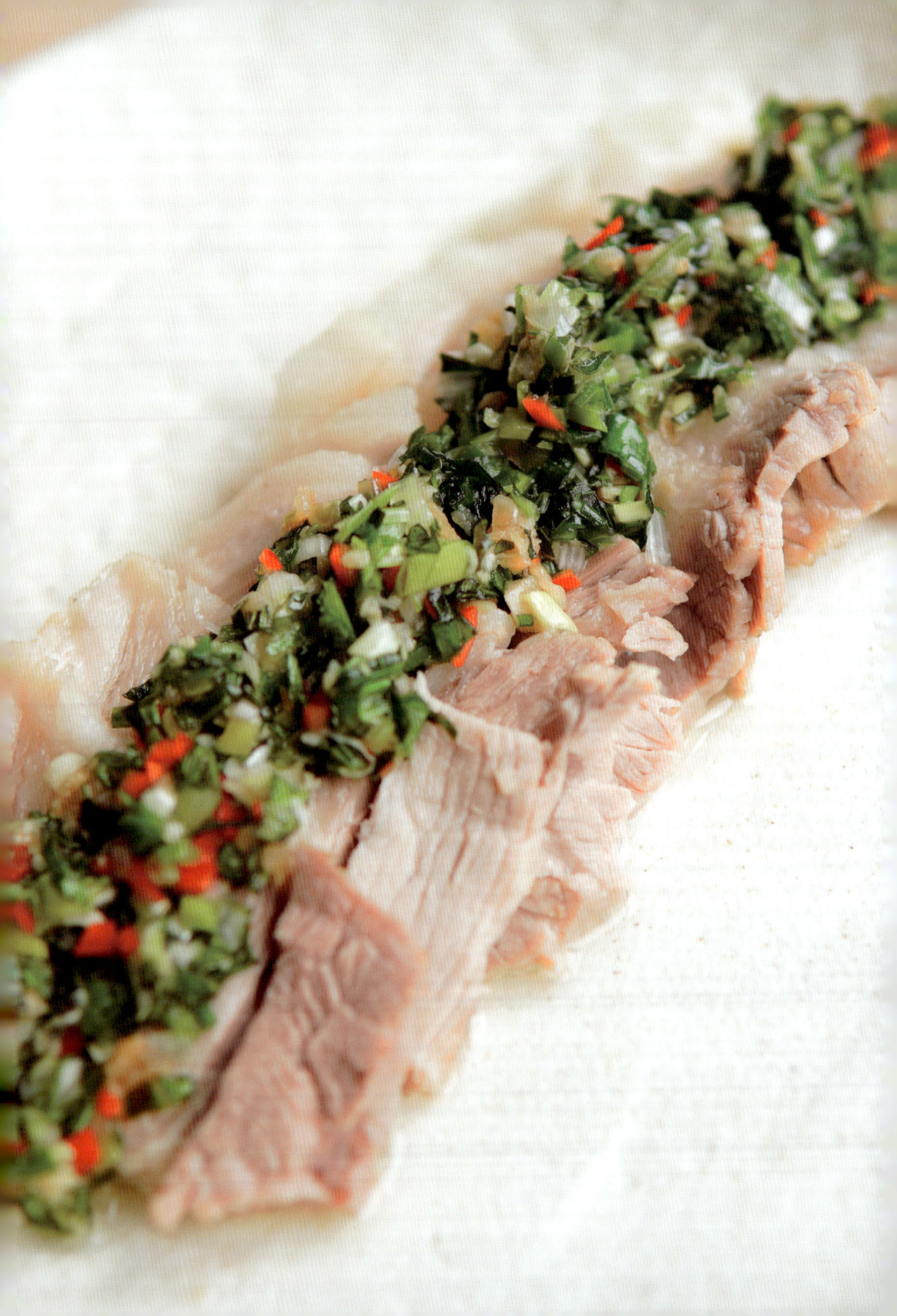

Recipe 12

台式青醬：佐白灼五花肉

這一類醬汁最知名的應該是阿根廷青醬「Chimichurri」，主要是由多種香草切碎混合而成，在台灣這些香草其實並不好購得，那當然要轉化為我們的台式口味才可以！我選了幾種最常見的香料組成，這絕對是會讓你一吃就有記憶的台灣味。刀工不好也不用擔心，反正最後全部切碎就可以了！

材料

- 青蔥：30g
- 香菜：30g
- 九層塔：30g
- 蒜頭：2瓣
- 紅蔥頭：2顆
- 辣椒：1/2支
- 烏醋：2大匙
- 香油：3大匙
- 鹽：適量

作法

1. 將青蔥、香菜、九層塔、蒜頭、紅蔥頭和紅辣椒都切碎。
2. 將切碎的材料放入耐熱碗中備用。
3. 鍋中加入香油燒至攝氏180度，淋入放置綜合辛香料耐熱碗中。
4. 再加入烏醋和鹽調味，調整風味至符合喜好。
5. 將青醬靜置10分鐘，讓味道充分融合後即可使用。
6. 搭配白灼五花肉或是白斬雞特別合適！

TIPS

1. 九層塔容易氧化，製作過程不宜過久。
2. 以刀手工切碎香草，而非用食物處理機，避免醬料糊化影響口感和視覺效果。

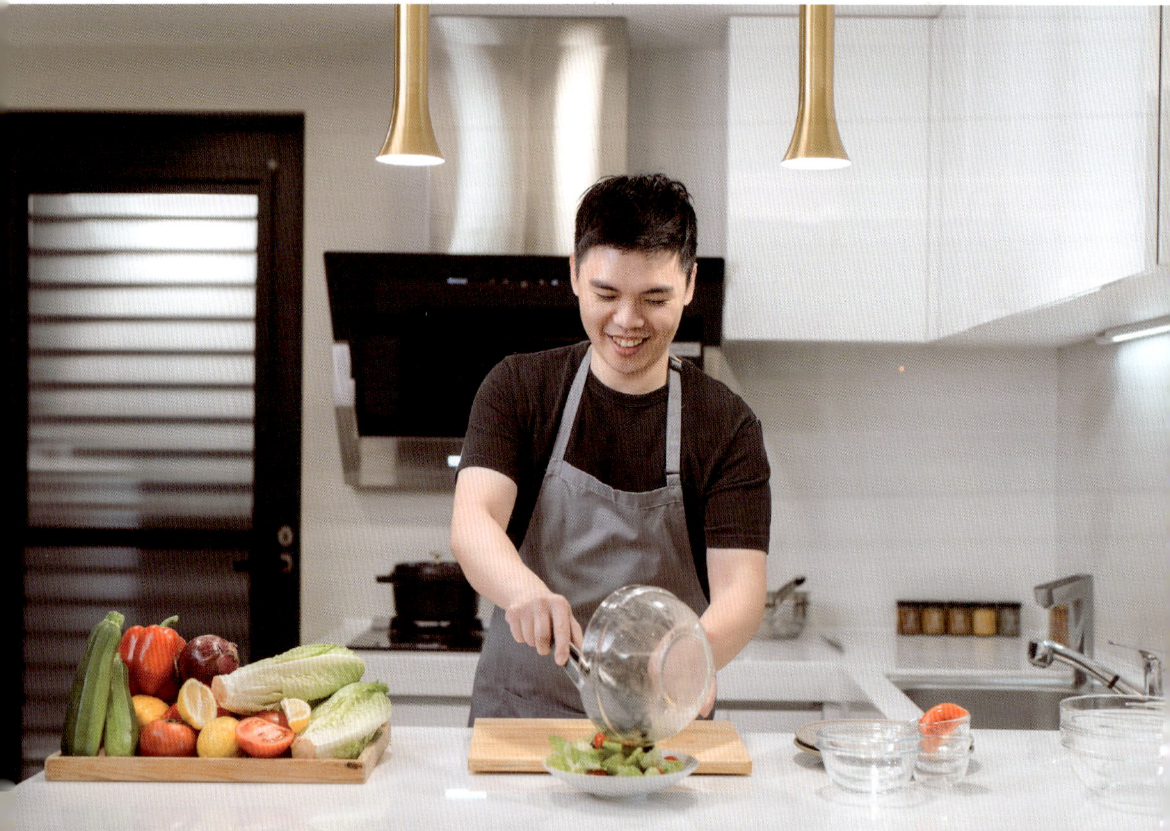

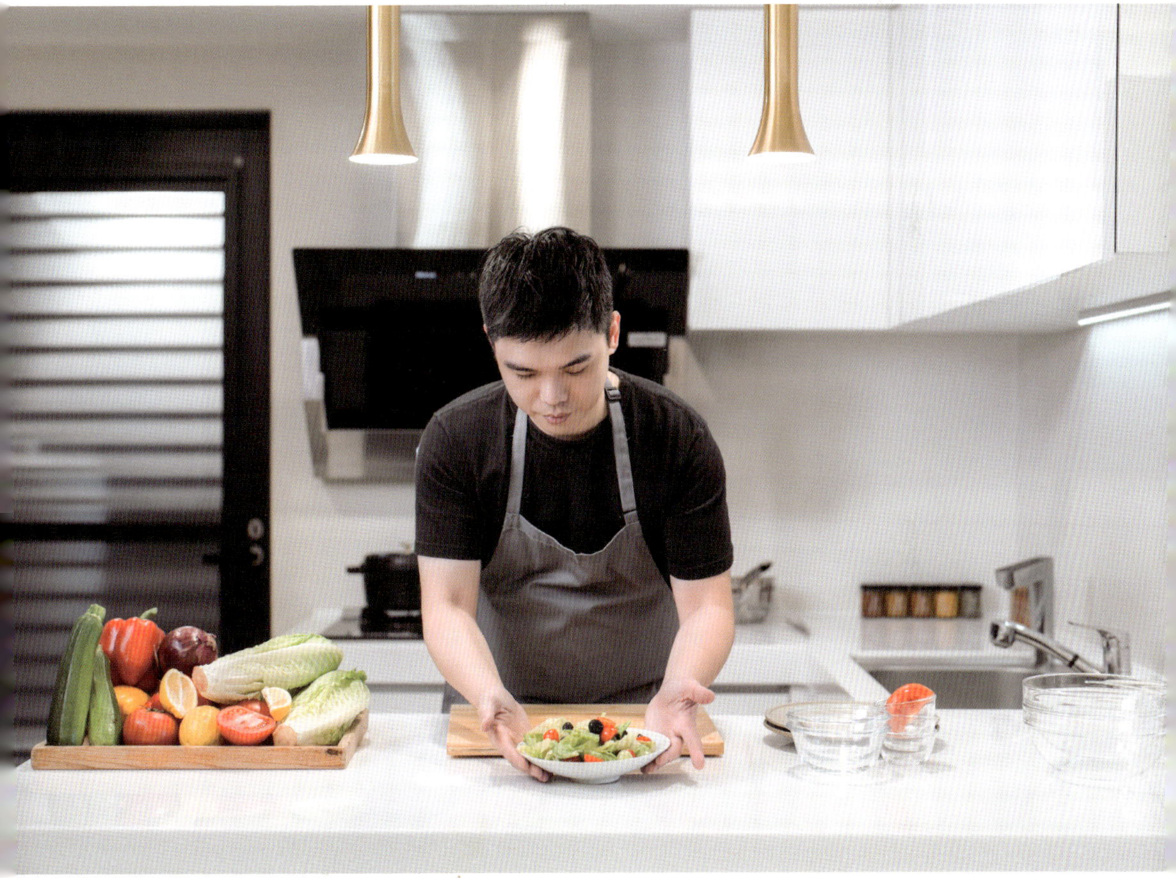

後記
postscript

會有這本書的誕生，是希望可以讓更多人在家，也能端出如星級餐廳般的料理。

我的哲學很簡單：用手邊有的東西，煮出最好吃的味道。無論是簡單的一道醬汁，還是用心燉煮的湯品，都可以透過一些小技巧變得更出色。

書中的每道菜，都是經過多次測試後精心調整出的結果，只為確保它們能夠輕鬆呈現在你們的餐桌上。

這本書中的所有食譜，都在鼓勵你靈活變通，因為料理的世界沒有嚴格的規則，只有適合你的做法。

對每位翻閱這本書的你，我想說一句：別怕犯錯！

食材的替換是自由創意的開始，誰知道呢？一場「沒有奶油怎麼辦」的危機，也許會讓你發現新口味的真愛，也許就是一道經典料理的誕生。

最後要特別感謝我的家人和朋友，他們忍受我無數次的試菜過程，並給予我無私的回饋。感謝我的編輯和攝影團隊，他們用專業和耐心將我的想法化為實體。

更感謝每一位願意翻開這本書、進廚房動手嘗試的讀者，因為有你們的支持，這份熱愛變得更有意義。

料理的世界無窮無盡，每一道菜都是一段旅程的起點。我希望這本書能為你帶來靈感，讓你的餐桌不僅是用餐的地方，更是連結家人與朋友的溫馨角落。

感謝你們的陪伴，我會持續創作分享更多靈感，也期待你們可以在社群網路上展示更多從這本書獲得的成果，也記得標註我一起分享唷！讓我們一起用美食創造更多回憶。

Wei

bon matin 154

喂，怎麼煮得這麼好吃！

作　　　者	魏魏WeiWei	法律顧問	華洋法律事務所　蘇文生律師
社　　　長	張瑩瑩	印　　製	凱林彩印股份有限公司
總　編　輯	蔡麗真	初　　版	2025年04月1日
攝　　　影	hihihiro photo		
美 術 編 輯	林佩樺	有著作權　侵害必究	
封 面 設 計	萬勝安	歡迎團體訂購，另有優惠，請洽業務部	
校　　　對	林昌榮	（02）22181417分機1124	
責 任 編 輯	莊麗娜		
行銷企畫經理	林麗紅	978-626-7555-77-4（平裝）	
行 銷 企 畫	李映柔	978-626-7555-78-1（平裝親簽版）	
出　　　版	野人文化股份有限公司	978-626-7555-76-7（EPUB）	
發　　　行	遠足文化事業股份有限公司（讀書共和國出版集團）	978-626-7555-75-0（PDF）	
	地址：231新北市新店區民權路108-2號9樓		
	電話：（02）2218-1417		
	傳真：（02）8667-1065	特 別 聲 明：有關本書的言論內容，不代表本公司／出版集團之立場與意見，文責由作者自行承擔。	
	電子信箱：service@bookrep.com.tw		
	網址：www.bookrep.com.tw		
	郵撥帳號：19504465遠足文化事業股份有限公司		
	客服專線：0800-221-029		

國家圖書館出版品預行編目（CIP）資料

喂，怎麼煮得這麼好吃！/魏魏WeiWei著. -- 初版. -- 新北市：野人文化股份有限公司出版：遠足文化事業股份有限公司發行，2025.04　192面；17×23公分
ISBN 978-626-7555-77-4（平裝）　ISBN 978-626-7555-78-1（平裝親簽版）　1.CST: 食譜
427.1
114002448

野人文化
讀者回函卡

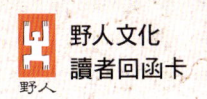

感謝您購買《喂,怎麼煮得這麼好吃!》

姓　名　　　　　　　　　　□女 □男　年齡

地　址

電　話　　　　　　　　　　手機

Email

學　歷　□國中(含以下) □高中職　□大專　　□研究所以上
職　業　□生產/製造　□金融/商業　□傳播/廣告　□軍警/公務員
　　　　□教育/文化　□旅遊/運輸　□醫療/保健　□仲介/服務
　　　　□學生　　　□自由/家管　□其他

◆你從何處知道此書?
　□書店　□書訊　□書評　□報紙　□廣播　□電視　□網路
　□廣告DM　□親友介紹　□其他

◆您在哪裡買到本書?
　□誠品書店　□誠品網路書店　□金石堂書店　□金石堂網路書店
　□博客來網路書店　□其他_____

◆你的閱讀習慣:
　□親子教養　□文學　□翻譯小說　□日文小說　□華文小說　□藝術設計
　□人文社科　□自然科學　□商業理財　□宗教哲學　□心理勵志
　□休閒生活(旅遊、瘦身、美容、園藝等)　□手工藝/DIY　□飲食/食譜
　□健康養生　□兩性　□圖文書/漫畫　□其他

◆你對本書的評價:(請填代號,1.非常滿意　2.滿意　3.尚可　4.待改進)
　書名____封面設計____版面編排____印刷____內容____
　整體評價____

◆希望我們為您增加什麼樣的內容:

◆你對本書的建議:

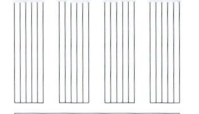

廣　告　回　函
板橋郵政管理局登記證
板橋廣字第143號
郵資已付　免貼郵票

23141
新北市新店區民權路108-2號9樓
野人文化股份有限公司 收

請沿線撕下對折寄回

野人

書名：喂，怎麼煮得這麼好吃！

書號：bon matin 154

Ken do.

手工香料系列
 Ken do./肯杜軒　 @ken_do.create

SPICE BLEND

/用香料環遊世界 體驗各國風味/

輕鬆料理 x 快速上桌 x 美味呈現

煎 / 烤 / 炒 / 燉 / 撒　　適合各種烹飪方式

訂購網址

屏大薄鹽醬油 純釀造

簡單料理
煮出好味道

全球精品企業有限公司
台北市內湖區安康路172-2號
服務電話：02-2792-5038

WORLDWIDE 全球精品企業

不含防腐劑 不使用化學醬油 不添加焦糖色素及鉀鹽 堅持每批